大学生のための
力と運動の基礎

力学教科書編集委員会 編

FUNDAMENTALS OF FORCE AND MOTION

培風館

本書の無断複写は，著作権法上での例外を除き，禁じられています．
本書を複写される場合は，その都度当社の許諾を得てください．

まえがき

みなさんは，高校生のときにどのように物理を学習していましたか？　みなさんの多くは，教科書に出てくる様々な式を公式として覚えることに悪戦苦闘したことを思い出すことでしょう．しかし，「何故こんなに暗記しないといけない式が多いのだろうか？」，「この式はどのように出てきたのだろうか？」と疑問に思うことはなかったでしょうか？　この疑問に答えるのが大学の物理です．大学の物理では，みなさんが丸暗記している物理公式をお互いに関連づけたり，意味づけを行うことにより，物理を論理的に理解できるように学習するのです．

本書では，特に物体の運動を記述する力学を学習します．この力学は，「それでも地球は動く」のガリレオを経て，17世紀にニュートンが完成させました．この成功の根底には，「物体の運動は数学で表されるはずである」という彼らの強い信念がありました．その最たるものが，ニュートンによる微分積分法の発明です．ニュートンは力学の法則を数学で表すために新しい数学を創造したのです．つまり，微分積分をはじめとする数学は，力学を体現する言語なのです．したがって，物理修得のポイントは，数学という言語で力学の法則を翻訳し，力学の本質の理解を深めることにあるのです．さらに，力学に限らず，すべての自然現象の裡にある共通言語は数学です．その数学を基礎にした力学の学習は，他のすべての理工系科目を学修するための第一歩といえるでしょう．

本書の内容は，大学の初年次物理教育として標準的なレベルに設定しました．また，授業で教科書として用いることを念頭に，1回の授業で1章進むように構成しています．できるだけ丁寧な解説を心がけ，例題を多く取り入れるとともに，各章の終わりには，練習問題を設けました．自分の理解度を確認するために，ぜひチャレンジしてみてください．そして，本書を読み終える頃に，「物理は暗記しなければならない公式は実は少なかった」，「物理は意外とおもしろい」と，実感してもらえたら幸いです．

最後に，本書は平成18年度より茨城大学で開講している「力学基礎」，「力学初歩」のテキストをもとに，修正および加筆して作成されました．そのテキスト作成にかかわられた方々にこの場を借りてお礼申し上げます．

2011年4月

編　者

目　次

1. 質点の直線運動 (位置・速度・加速度)　　1

　1.1　直線上を運動する質点の位置・速度・加速度 …………………………　1
　1.2　速度から変位の導出 ……………………………………………………………　3
　1.3　加速度から速度，変位の導出 …………………………………………………　5

2. ベクトルと 2 次元・3 次元の運動　　9

　2.1　ベクトル ……………………………………………………………………………　9
　　　2.1.1　直交基底ベクトル　9
　　　2.1.2　直交基底ベクトルの和，差　9
　　　2.1.3　直交基底ベクトルの内積　9
　2.2　2 次元と 3 次元の運動 ……………………………………………………………　10
　　　2.2.1　位置，変位　10
　　　2.2.2　速度，速さ　11
　　　2.2.3　加速度　11

3. 力と運動の 3 法則　　17

　3.1　運動の 3 法則とは ………………………………………………………………　17
　3.2　物体の平衡と力 …………………………………………………………………　17
　3.3　運動の第 1 法則 —— 慣性の法則 ……………………………………………　19
　3.4　運動の第 2 法則 —— 運動の法則 ……………………………………………　19
　3.5　運動の第 3 法則 —— 作用・反作用の法則 …………………………………　21

4. 簡単な 1 次元運動　その 1　　25

　4.1　自 由 運 動 ……………………………………………………………………………　25
　4.2　落 下 運 動 ……………………………………………………………………………　26
　　　4.2.1　自由落下　26
　　　4.2.2　鉛直投げ上げ　27
　4.3　斜面上での運動 …………………………………………………………………　28

- 4.4 摩擦のある運動 1 (最大静止摩擦力) ……………………………… 29
- 4.5 摩擦のある運動 2 (動摩擦力) …………………………………… 30
  - 4.5.1 動摩擦のある水平直線上の運動　30
  - 4.5.2 動摩擦のある斜面上の運動　31

5. 簡単な 1 次元運動　その 2　　35

- 5.1 張力がある場合の運動 ……………………………………………… 35
  - 5.1.1 糸でつるした物体の運動　35
  - 5.1.2 糸でつながれた 2 物体の運動　35
  - 5.1.3 糸でつながれ滑車にかけられた 2 物体の運動　36
- 5.2 バネ振り子 …………………………………………………………… 37
  - 5.2.1 フックの法則　37
  - 5.2.2 水平バネ振り子　38
  - 5.2.3 鉛直バネ振り子　39
- 5.3 単振り子 ……………………………………………………………… 40

6. 簡単な 2 次元運動　　43

- 6.1 放物運動 ……………………………………………………………… 43
  - 6.1.1 水平投射　43
  - 6.1.2 斜方投射　44
- 6.2 等速円運動 …………………………………………………………… 45
  - 6.2.1 位置座標と角速度　46
  - 6.2.2 速度と加速度　46
  - 6.2.3 向心力と運動方程式　47
  - 6.2.4 角速度と周期・周波数　48
  - 6.2.5 等速円運動と単振動　48

7. 仕事と運動エネルギー　　51

- 7.1 直線上で働く力の仕事 ……………………………………………… 51
- 7.2 斜めに働く力の仕事 ………………………………………………… 52
- 7.3 曲線に沿う仕事 ……………………………………………………… 53
- 7.4 1 次元運動の仕事と運動エネルギー ……………………………… 55
- 7.5 空間運動の仕事と運動エネルギー ………………………………… 56

8. 保存力とポテンシャルエネルギー　　　　61

- 8.1 保存力 ……………………………………………………… 61
- 8.2 ポテンシャルエネルギー ……………………………… 62
- 8.3 具体的なポテンシャルエネルギーの例 ……………… 63
  - 8.3.1 重力ポテンシャルエネルギー (位置エネルギー)　63
  - 8.3.2 弾性ポテンシャルエネルギー (弾性エネルギー)　64
- 8.4 保存力とポテンシャル (1次元) ………………………… 64
- 8.5 保存力とポテンシャル (3次元) ………………………… 66

9. 力学的エネルギー保存則　　　　69

- 9.1 力学的エネルギー保存則 ……………………………… 69
- 9.2 力学的エネルギーを用いた運動の解析 ……………… 71
- 9.3 非保存力と力学的エネルギー ………………………… 73

10. 衝突　　　　77

- 10.1 力積と運動量 …………………………………………… 77
- 10.2 2質点の衝突と運動量保存則 ………………………… 78
- 10.3 衝突における重心の運動 ……………………………… 80
- 10.4 はねかえり係数 ………………………………………… 81
  - 10.4.1 2質点の衝突 (正面衝突)　81
  - 10.4.2 斜め方向の衝突　81
- 10.5 衝突と力学的エネルギー ……………………………… 82

11. ベクトル積と力のモーメント　　　　85

- 11.1 ベクトル積 (外積) ……………………………………… 85
- 11.2 力のモーメント ………………………………………… 88
  - 11.2.1 てこの原理　88
  - 11.2.2 力のモーメント　89

12. 角運動量　　　　93

- 12.1 角運動量 ………………………………………………… 93
- 12.2 角運動量保存則 ………………………………………… 94
- 12.3 面積速度 ………………………………………………… 95
- 12.4 2質点の角運動量 ……………………………………… 96

13. 中心力場中の物体の運動　　　101

- 13.1 中 心 力 …………………………………… 101
- 13.2 角運動量保存則と平面運動 ………………… 102
- 13.3 ポテンシャル ………………………………… 102
- 13.4 ポテンシャルと力 …………………………… 103
- 13.5 力学的エネルギー保存則 …………………… 104
- 13.6 極 座 標 …………………………………… 105
- 13.7 極座標における速度，加速度 ……………… 105
- 13.8 極座標と平面運動 …………………………… 106
  - 13.8.1 運動方程式　106
  - 13.8.2 運動エネルギーと仕事　106
  - 13.8.3 力のモーメントと角運動量　107
- 13.9 極座標と中心力場での運動 ………………… 107

付　録　　　111

- A.1 単位と次元 …………………………………… 111
- A.2 三 角 関 数 …………………………………… 112
- A.3 指数関数，対数関数 ………………………… 114
- A.4 微　分 ………………………………………… 115
  - (1) 導関数　115
  - (2) 初等関数の導関数　115
- A.5 積　分 ………………………………………… 116
  - (1) 不定積分　116
  - (2) 定積分　117
  - (3) 線積分　118
- A.6 簡単な微分方程式の解法 …………………… 119
  - (1) 曲線と微分方程式　119
  - (2) 自然に現れる微分方程式　120
  - (3) 変数分離型の微分方程式　121

練習問題解答　　　125

索　引　　　133

1
質点の直線運動 (位置・速度・加速度)

1.1 直線上を運動する質点の位置・速度・加速度

> 学習目標: 直線上を運動する物体の速度・加速度が計算できる.

物体に力が働くと，加速度を生じ，速度が変化する．力の作用を受けて運動する物体を扱うのが力学である．この章では，物体の位置や速度，加速度について学び，運動の法則を理解するための準備をする．ところで，物体の運動を扱う力学では多くの場合，簡略化のために物体を質点として扱う．ここで質点とは，質量をもつが大きさを無視し点とみなすことができる物体をいう．

変位と速度

x-軸上 (直線上) を運動する質点のある時刻 t における位置座標を $x(t)$ とする．時刻 t から時刻 $t+\Delta t$ までの時間 Δt の間に，この質点の位置座標の変化を Δx とすると，

$$\Delta x = x(t+\Delta t) - x(t) \tag{1.1}$$

となる．この質点の位置座標の変化量 Δx を変位という．するとこの Δt の間の質点の平均速度 $\bar{v}$ は，

$$\bar{v} = \frac{\Delta x}{\Delta t} = \frac{x(t+\Delta t) - x(t)}{\Delta t} \quad [\text{単位：m/s}] \tag{1.2}$$

により与えられる．いま，横軸に時間 t，縦軸に位置座標 x をとり，質点の位置の変化を上図のようなグラフに表す．図の直線 AB の傾きが平均速度 $\bar{v}$ である．ここで，$\Delta t \to 0$, すなわち B を A に近づけると直線 AB の傾きは A を通る接線 l の傾きに近づく．接線 l の傾きが，時刻 t における質点の瞬間の速度 $v(t)$ である．すなわち，

$$v(t) = \lim_{\Delta t \to 0} \frac{\Delta x}{\Delta t} = \lim_{\Delta t \to 0} \frac{x(t+\Delta t)-x(t)}{\Delta t} = \frac{dx(t)}{dt} \quad [\text{単位}:\text{m/s}] \tag{1.3}$$

と表され,瞬間の速度は,質点の座標の時間微分で与えられる.一般に,単に速度というときには,瞬間の速度をさす.

加速度

速度が時間によらず一定である運動を等速度運動という.一方,速度が時間とともに変化する運動を加速度運動という.それでは,加速度とはどのように定義できるのだろうか.

時刻 t において速度が $v(t)$ で与えられる物体の運動を考える.時刻が t から Δt 経過する間に物体の速度が Δv 変化したとすると,この間の平均の速度変化量 $\bar{a}$ は,

$$\bar{a} = \frac{\Delta v}{\Delta t} = \frac{v(t+\Delta t)-v(t)}{\Delta t} \quad [\text{単位}:\text{m/s}^2] \tag{1.4}$$

となる.この単位時間当たりに換算した速度変化量を平均加速度という.$\Delta t \to 0$ の極限で,これは時刻 t における**瞬間の加速度** $a(t)$ になる.すなわち,

$$a(t) = \lim_{\Delta t \to 0} \frac{\Delta v}{\Delta t} = \frac{dv(t)}{dt} = \frac{d^2 x(t)}{dt^2} \quad [\text{単位}:\text{m/s}^2] \tag{1.5}$$

である.加速度が時間によらず一定の運動を等加速度運動という.

時間微分はしばしば "·"(ドット)を用いて表される.これを用いると,質点の速度と加速度は

$$v = \dot{x}, \quad a = \dot{v} = \ddot{x} \tag{1.6}$$

と書ける.

例題 1.1 x-軸に沿って運動する質点の座標 x が時間 t を用いて

$$x(t) = x_0 + v_0 t - \frac{1}{2}gt^2$$

と与えられている.任意の時刻における速度と加速度を求めよ.また,質点の位置と速度と加速度を時間の関数としてグラフで表せ.ただし,x_0, v_0, g を正の定数とする.

[解答] 速度を v,加速度 a で表す.

$$v = \dot{x} = v_0 - gt, \quad a = \dot{v} = -g$$

x, v, a をグラフで表すと次図のようになる.

ここで,g を重力加速度の大きさ,鉛直上向きを x-軸の正方向と考えると,この運動は時刻 $t=0$ において,高さ x_0 から真上に初速度 v_0 で投げ上げられた物体の運動を表す.

1.2 速度から変位の導出

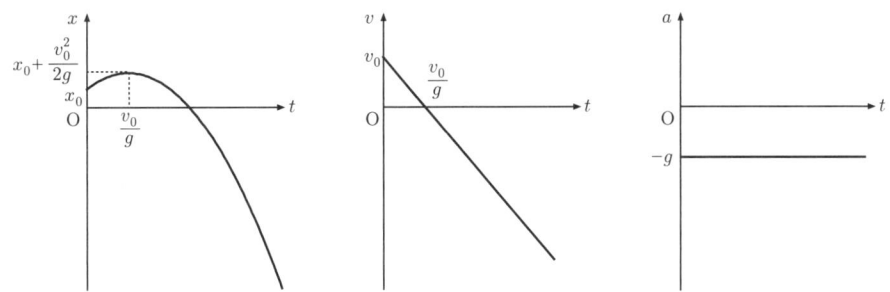

例題 1.2 x-軸に沿って運動する質点の座標 x が時間 t を用いて

$$x(t) = \frac{v_0}{\eta}(1 - e^{-\eta t})$$

と与えられている．任意の時刻における速度を求めよ．また，質点の位置と速度を時間の関数としてグラフで表せ．ただし，v_0, η を正の定数とする．

[解答] 速度を v とすると，x を時間 t で微分して

$$v = \frac{dx}{dt} = v_0 e^{-\eta t}$$

が得られる．位置と速度をグラフで表すと次図のようになる．

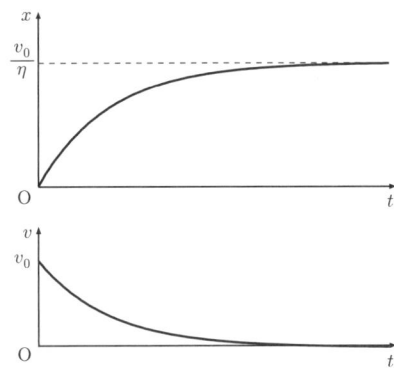

速度に比例する抵抗が働く物体の運動の位置と速度は，時間とともに上のように変化することが知られている．

1.2 速度から変位の導出

> 学習目標：速度の時間積分が変位になることを理解し，速度から変位を求めることができる．

質点の位置が時間の関数として $x(t)$ で表されるとき，速度は $x(t)$ の時間微分で与えられる．それでは，速度が $v(t)$ で与えられているとき，変位を知る方法はないだろうか？

はじめに，物体が一直線上を一定の速さで運動する**等速直線運動**を考える．一定の速度 v_0 で運動する物体の時刻 t_0 から t までの変位 $\Delta x(t)$ は，

$$\Delta x(t) = x(t) - x(t_0) = v_0 \cdot (t - t_0) \tag{1.7}$$

となり，右図の灰色部分の面積に等しい．

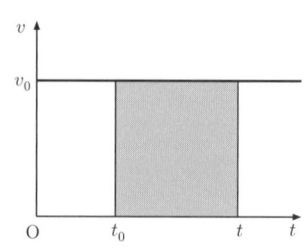

次に，速度が時刻とともに変化する場合 (**加速度運動**) を考える．このとき，次図のように，時刻 t_0 から t までの時間を n 個の区間 $(t_0, t_1, t_2, \cdots, t_i, t_{i+1}, \cdots, t_{n-1}, t_n)$ に等しく分割し，

$$t_{i+1} - t_i = \Delta t \tag{1.8}$$

とする．t_i から t_{i+1} までの変位は，その間の平均の速度を $\bar{v}(t_i)$ とすると，

$$x(t_{i+1}) - x(t_i) = \bar{v}(t_i) \Delta t \tag{1.9}$$

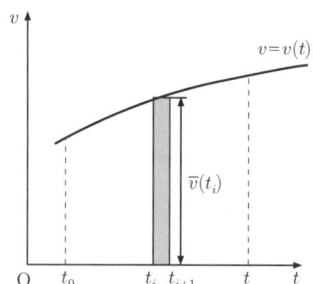

と与えられる．したがって，t_0 から t までの変位は

$$x(t) - x(t_0) = \sum_{i=0}^{n-1} \{x(t_{i+1}) - x(t_i)\} = \sum_{i=0}^{n-1} \bar{v}(t_i) \Delta t \tag{1.10}$$

となる．ここで，$\Delta t \to 0$ の極限では，$\bar{v}(t) \to v(t)$ となり，時刻 t での速度になる．よって，

$$x(t) - x(t_0) = \lim_{\Delta t \to 0} \sum_{i=0}^{n-1} \bar{v}(t_i) \Delta t = \int_{t_0}^{t} v(t') \, dt' \tag{1.11}$$

と表せる．ここで，積分の上限 t と区別するために，積分変数を t' とした．このように，$v(t)$ を t_0 から t まで積分すると，この間の質点の変位を求めることができる．すなわち，

$$\Delta x(t) = x(t) - x(t_0) = \int_{t_0}^{t} v(t') \, dt' \tag{1.12}$$

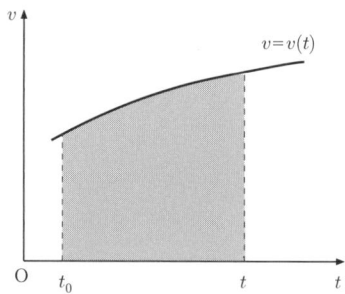

と表される．これは，右図の区間 $[t_0, t]$ で，曲線 $v = v(t)$ と t-軸に囲まれた灰色部分の面積に等しい．

同様に，加速度 $a(t)$ を時間 t で積分することにより，速度の変化量 $\Delta v(t)$ は

$$\Delta v(t) = v(t) - v(t_0) = \int_{t_0}^{t} a(t') \, dt' \tag{1.13}$$

と求めることができる．

1.3 加速度から速度，変位の導出

例題 1.3 家から自転車に乗り駅に向かって，まっすぐな道を時速 24 km で走っていたとき，3 分後にチェーンが切れたので，分速 60 m で歩いて駅に向かった．家を出発してから，5 分 30 秒かかって駅に着いた．家から駅までの距離を求めよ．

[解答] 自転車の速さ v を，時速から分速にすると，

$$v = \frac{24 \times 1000}{60} = 400\,[\text{m/min}]$$

となる．したがって，家から駅までの距離 s は，

$$s = 400 \times 3.0 + 60 \times (5.5 - 3.0) = 1200 + 150 = 1350\,[\text{m}].$$

1.3 加速度から速度，変位の導出

> 学習目標：加速度と速度の関係を理解し，加速度から速度，変位を計算することができる．

物体の瞬間の加速度は速度の時間微分，その速度は変位の時間微分で与えられる．つまり，加速度は変位の時間に関する 2 階微分である．それでは逆に，加速度から速度，変位を導くにはどのようにすればよいだろうか？

まず，**等加速度直線運動**を考える．時刻 $t=0$ で静止している物体が，時刻 t まで加速度が一定の a_0 で運動するとき，時刻 t の速度 $v(t)$ は，時刻 $t=0$ の速度 $v(0)=0$ を用いると，

$$a_0 = \frac{v(t)-v(0)}{t} = \frac{v(t)}{t} \quad \therefore\ v(t) = a_0 t \quad (1.14)$$

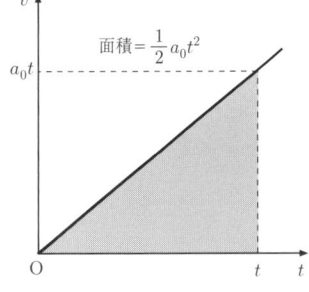

となる．よって，時刻 t での物体の位置 $x(t)$ は，$t=0$ で $x(0)=0$ とすると，

$$x(t) - x(0) = \frac{1}{2}a_0 t^2 \quad \therefore\ x(t) = \frac{1}{2}a_0 t^2 \quad (1.15)$$

となり，図の灰色部分の面積に等しい．

次に，加速度が時刻とともに変化する場合を考える．速度から変位を導いた手順と同様にして，加速度を積分すると速度の変化量を求めることができる．すなわち，$\dfrac{dv}{dt} = a(t)$ を $dv = a\,dt$ と書き，両辺を積分すると，

$$\int_{t_0}^{t} dv = v(t) - v(t_0) = \int_{t_0}^{t} a(t')\,dt' \quad (1.16)$$

となる．例として，等加速度運動では，加速度 a_0（一定値）とし，時刻 $t=0$ で $v=0$ とすると，

$$v(t) = \int_0^t a(t')\,dt' = \int_0^t a_0\,dt' = a_0 t \tag{1.17}$$

さらに，$t=0$ で $x=0$ として上式を積分すると，

$$x(t) = \int_0^t v(t')\,dt' = \int_0^t a_0 t'\,dt' = \frac{1}{2}a_0 t^2 \tag{1.18}$$

と求めることができる．

例題 1.4 右図のグラフは，ある時刻 t のエレベーターの加速度 $a(t)$ を表す．時刻 $t=5\,[\mathrm{s}]$ のときの速度 $v(t)\,[\mathrm{m/s}]$ と位置 $x(t)\,[\mathrm{m}]$ を求めよ．ただし，$t=0\,[\mathrm{s}]$ で $x=0\,[\mathrm{m}], v=0\,[\mathrm{m/s}]$ とする．

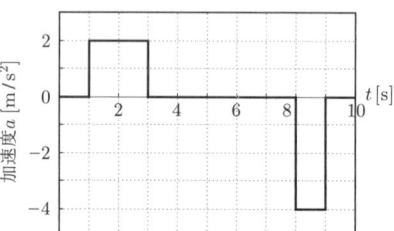

[解答] $t=5$ のときの速度 v は，

$$v = \int_0^5 a(t)\,dt + v(0)$$
$$= \int_0^1 0\,dt + \int_1^3 2\,dt + \int_3^5 0\,dt + 0 = [2t]_1^3 = 4\,[\mathrm{m/s}]$$

となる．$t=5$ のときの位置 x は，

$$x = \int_0^5 v(t)\,dt + x(0) = \int_0^1 0\,dt + \int_1^3 2(t-1)\,dt + \int_3^5 4\,dt + 0$$
$$= [t^2 - 2t]_1^3 + [4t]_3^5 = 4 + 8 = 12\,[\mathrm{m}].$$

練習問題 1

1.1 ある物体が時刻 $t=0$ に x-軸上の地点 $x=a$ から x-軸の正方向に初速度 v_0 で投げ出された．その後，物体は等速度で運動した．物体の任意の時刻 t における位置 $x(t)$ を求めよ．

1.2 図のように，バネ定数 k の軽いバネに質量 m のおもりをつけて振動させる．時刻 $t=0$ において，おもりをつり合いの位置から A だけ変位させて静かに離したところ，つり合いの位置からの変位 x が時間 t の関数として

$$x = A\cos\omega t \quad \left(\text{角振動数}\,\omega = \sqrt{\frac{k}{m}}\right)$$

により与えられる振動を開始した．このような運動を単振動という．速度 v と加速度 a を求めよ．

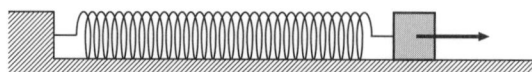

1.3 x-軸上を運動するある物体の速度が，$v(t) = -27 + 3t^2$ で与えられている．時刻 $t = 0$ における位置が $x = 4$ であるとき，$t \geq 0$ における物体の運動の説明として，正しいと思うものを選べ．

(1) $0 < t < 3$ では，物体の速度は負なので，加速度も負である．

(2) $0 < t < 3$ では，物体の速さは減り続ける．

(3) $t \geq 3$ で，物体の速度は増加し続ける．

(4) $t = 3$ で，物体の位置 x は，正の値である．

(5) $t = 3$ で，物体は停止する．

1.4 例題 1.4 で，時刻 $t = 9$ [s] のときのエレベーターの速度と位置を求めよ．

2
ベクトルと2次元・3次元の運動

> 学習目標: ベクトルを用いて，平面・空間運動を表現することができる．

2.1 ベクトル

2.1.1 直交基底ベクトル

ベクトルとは，向きと大きさをもった量である．互いに直交する x, y, z-軸に平行な大きさが1の単位ベクトル i, j, k を導入すると，任意のベクトル $\bm{A} = (A_x, A_y, A_z)$ は，

$$\boxed{\bm{A} = A_x \bm{i} + A_y \bm{j} + A_z \bm{k}} \tag{2.1}$$

と表される．このとき，i, j, k を正規直交基底といい，その座標系を直交座標系という（本書ではベクトルを斜体の太文字で表記する）．

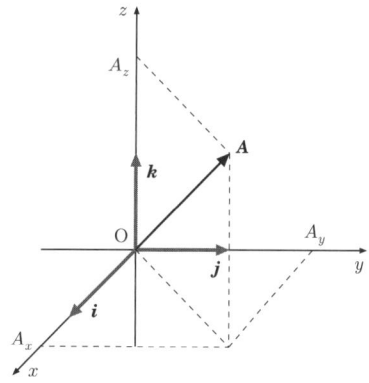

2.1.2 直交基底ベクトルの和，差

2つのベクトルを $\bm{A} = (A_x, A_y, A_z)$, $\bm{B} = (B_x, B_y, B_z)$ とすると，次の関係式が成り立つ．

$$\begin{aligned}\bm{A} \pm \bm{B} &= (A_x \pm B_x, A_y \pm B_y, A_z \pm B_z) \\ &= (A_x \pm B_x)\bm{i} + (A_y \pm B_y)\bm{j} + (A_z \pm B_z)\bm{k}\end{aligned} \tag{2.2}$$

2.1.3 直交基底ベクトルの内積

正規直交基底の内積には次の関係がある（・は内積を表す）．

$$\bm{i} \cdot \bm{i} = \bm{j} \cdot \bm{j} = \bm{k} \cdot \bm{k} = 1, \qquad \bm{i} \cdot \bm{j} = \bm{j} \cdot \bm{k} = \bm{k} \cdot \bm{i} = 0 \tag{2.3}$$

これらの関係を用いると，内積を次のように計算することができる．

$$\begin{aligned}\boldsymbol{A}\cdot\boldsymbol{B} &= (A_x\boldsymbol{i}+A_y\boldsymbol{j}+A_z\boldsymbol{k})\cdot(B_x\boldsymbol{i}+B_y\boldsymbol{j}+B_z\boldsymbol{k})\\&= A_xB_x\boldsymbol{i}\cdot\boldsymbol{i}+A_xB_y\boldsymbol{i}\cdot\boldsymbol{j}+A_xB_z\boldsymbol{i}\cdot\boldsymbol{k}\\&\quad+A_yB_x\boldsymbol{j}\cdot\boldsymbol{i}+A_yB_y\boldsymbol{j}\cdot\boldsymbol{j}+A_yB_z\boldsymbol{j}\cdot\boldsymbol{k}\\&\quad+A_zB_x\boldsymbol{k}\cdot\boldsymbol{i}+A_zB_y\boldsymbol{k}\cdot\boldsymbol{j}+A_zB_z\boldsymbol{k}\cdot\boldsymbol{k}\end{aligned} \quad (2.4)$$

$$\therefore \boxed{\boldsymbol{A}\cdot\boldsymbol{B} = A_xB_x+A_yB_y+A_zB_z} \quad (2.5)$$

ベクトルの内積は，向きをもたず大きさのみをもつスカラー量であり，

$$\boldsymbol{A}\cdot\boldsymbol{B} = |\boldsymbol{A}|\cdot|\boldsymbol{B}|\cos\theta \quad (2.6)$$

の関係式も満たす．ここで，θ は $\boldsymbol{A}$ と $\boldsymbol{B}$ のなす角である．

2.2　2次元と3次元の運動

2.2.1　位置，変位

質点がある 2 次元の平面上を運動しているとき，その運動を 平面運動と呼ぶ．運動が起きる平面内に原点 O と x-軸，y-軸を設定すると，時刻 t における質点の位置は右図のように，ベクトル $\boldsymbol{r}(t)=(x(t),y(t))$ と表される．$\boldsymbol{r}$ を位置ベクトルという．平面運動における位置ベクトルは，2元ベクトル (平面ベクトル) を用いて表される．

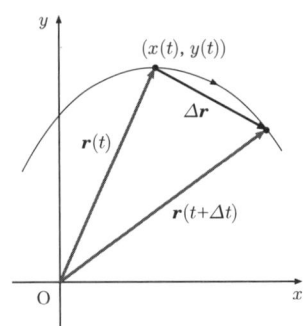

次に，空間運動について考える．下図のような 3 次元の空間内を運動する質点 P の位置ベクトルは，3 元ベクトル (空間ベクトル) を用いて $\boldsymbol{r}(t)=(x(t),y(t),z(t))$ と表される．ところで，この空間ベクトルにおいて $z(t)=$ 一定 にした特別な場合として，平面ベクトルを取り扱うことができる．そこで，ここでは空間運動を取り上げ，変位，速度，加速度の表し方を学ぶ．

まずはじめに，位置ベクトルを，x,y,z-軸方向の単位ベクトル $\boldsymbol{i},\boldsymbol{j},\boldsymbol{k}$ を用いて表すと，次のようになる．

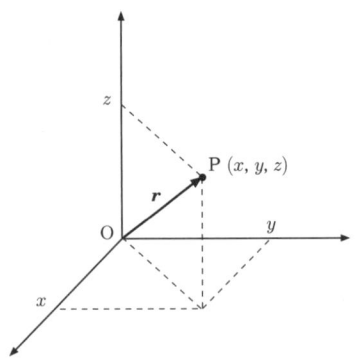

$$\boxed{\boldsymbol{r}(t)=x(t)\boldsymbol{i}+y(t)\boldsymbol{j}+z(t)\boldsymbol{k}} \quad (2.7)$$

次に，質点が時刻 t から Δt 経過する間の変位 $\Delta \boldsymbol{r}$ とすると，

2.2 2次元と3次元の運動

$$\begin{aligned}
\Delta \boldsymbol{r} &= \boldsymbol{r}(t+\Delta t) - \boldsymbol{r}(t) \\
&= \{x(t+\Delta t) - x(t)\}\boldsymbol{i} + \{y(t+\Delta t) - y(t)\}\boldsymbol{j} + \{z(t+\Delta t) - z(t)\}\boldsymbol{k} \\
&= \Delta x \boldsymbol{i} + \Delta y \boldsymbol{j} + \Delta z \boldsymbol{k}
\end{aligned} \tag{2.8}$$

となる. ここで, $\Delta x, \Delta y, \Delta z$ を $\Delta \boldsymbol{r}$ の x, y, z-成分とする. 変位の大きさは,

$$|\Delta \boldsymbol{r}| = \sqrt{\Delta x^2 + \Delta y^2 + \Delta z^2} \tag{2.9}$$

で与えられる.

2.2.2 速度, 速さ

時刻 t から Δt 経過する間の質点の平均速度 $\bar{\boldsymbol{v}}$ は,

$$\bar{\boldsymbol{v}} = \frac{\Delta \boldsymbol{r}}{\Delta t} = \frac{\Delta x}{\Delta t}\boldsymbol{i} + \frac{\Delta y}{\Delta t}\boldsymbol{j} + \frac{\Delta z}{\Delta t}\boldsymbol{k} \tag{2.10}$$

により与えられる. $\bar{\boldsymbol{v}}$ は, $\Delta \boldsymbol{r}$ に平行なベクトルである. 平均速度は, $\Delta t \to 0$ の極限では時刻 t における瞬間の速度 $\boldsymbol{v}(t)$ に近づく. すなわち,

$$\boldsymbol{v}(t) = \lim_{\Delta t \to 0} \frac{\Delta \boldsymbol{r}(t)}{\Delta t} = \frac{d\boldsymbol{r}(t)}{dt} = \frac{dx(t)}{dt}\boldsymbol{i} + \frac{dy(t)}{dt}\boldsymbol{j} + \frac{dz(t)}{dt}\boldsymbol{k} \tag{2.11}$$

となる. 速度は, 運動軌道に接する方向のベクトルとなる.

速度の大きさを**速さ**という. 速度 $\boldsymbol{v} = (v_x, v_y, v_z)$ としたとき, その大きさ v は次式で与えられる.

$$\begin{aligned}
v = |\boldsymbol{v}| &= \sqrt{v_x^2 + v_y^2 + v_z^2} \\
&= \sqrt{\left(\frac{dx(t)}{dt}\right)^2 + \left(\frac{dy(t)}{dt}\right)^2 + \left(\frac{dz(t)}{dt}\right)^2}
\end{aligned} \tag{2.12}$$

時刻 t から無限小の時間 dt 経過する間に描く軌道の長さ (変位の大きさ) を ds とすると,

$$ds = \sqrt{dx^2 + dy^2 + dz^2} = \sqrt{\dot{x}^2 + \dot{y}^2 + \dot{z}^2}\, dt = v\, dt \tag{2.13}$$

なので質点の速さ v と質点が描く軌道の長さ s の間には, 次の関係が成り立つ.

$$v = \frac{ds}{dt} \qquad \therefore \quad s = \int v\, dt \tag{2.14}$$

2.2.3 加速度

時刻 t での質点の速度が $\boldsymbol{v}(t)$ で与えられるとすると, 時刻 t から $t + \Delta t$ 間に生じる速度の変化は, $\Delta \boldsymbol{v} = \boldsymbol{v}(t+\Delta t) - \boldsymbol{v}(t)$ となる. この間の平均加速度 $\bar{\boldsymbol{a}}$ は,

$$\bar{\boldsymbol{a}} = \frac{\Delta \boldsymbol{v}}{\Delta t} \tag{2.15}$$

により与えられる．$\Delta t \to 0$ の極限で，平均加速度は時刻 t における瞬間の加速度 $\boldsymbol{a}(t)$ になる．すなわち，

$$\boldsymbol{a}(t) = \lim_{\Delta t \to 0} \frac{\Delta \boldsymbol{v}}{\Delta t} = \frac{d\boldsymbol{v}}{dt} = \frac{d^2 \boldsymbol{r}}{dt^2} \tag{2.16}$$

となる．ベクトルの成分を用いて，速度と加速度は次のように表すこともできる．

$$\text{速度}\quad v_x = \frac{dx}{dt}, \qquad v_y = \frac{dy}{dt}, \qquad v_z = \frac{dz}{dt} \tag{2.17}$$

$$\text{加速度}\quad a_x = \frac{dv_x}{dt} = \frac{d^2 x}{dt^2}, \quad a_y = \frac{dv_y}{dt} = \frac{d^2 y}{dt^2}, \quad a_z = \frac{dv_z}{dt} = \frac{d^2 z}{dt^2} \tag{2.18}$$

加速度ベクトルは速度ベクトルの変化に比例するので，下図に示されたように，軌道が曲がる方向に成分をもつようになる．

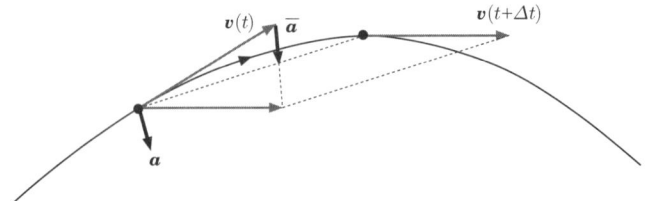

具体例: 等速円運動 (2 次元運動)

右図のように，原点 O を中心とする半径 R の円周に沿って一定の速さ v で運動する質点 P を考える．線分 OP を動径という．時刻 0 において，動径が x-軸となす角度 δ として，質点が原点のまわりを反時計まわりに回転する場合を考える．δ は**初期位相**と呼ばれる．単位時間当たりに質点が原点のまわりを回転する角度を ω とする．ω は**角速度**と呼ばれる．x-軸を基準に時刻 t における質点の原点のまわりの回転角 θ は，$\theta = \omega t + \delta$ であるので，時刻 t における質点の x, y-座標は，

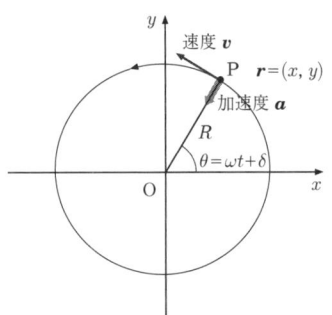

$$\begin{cases} x = R\cos(\omega t + \delta) \\ y = R\sin(\omega t + \delta) \end{cases} \tag{2.19}$$

により与えられる．したがって，速度と加速度はそれぞれ，

$$\begin{cases} v_x = \dot{x} = -\omega R \sin(\omega t + \delta) \\ v_y = \dot{y} = \omega R \cos(\omega t + \delta) \end{cases} \quad \begin{cases} a_x = \dot{v}_x = -\omega^2 R \cos(\omega t + \delta) \\ a_y = \dot{v}_y = -\omega^2 R \sin(\omega t + \delta) \end{cases} \tag{2.20}$$

と計算される．これらの式から，速度は動径 OP に垂直な向きをもつ大きさが

$$v = \sqrt{v_x^2 + v_y^2} = R\omega \tag{2.21}$$

2.2 2次元と3次元の運動

のベクトルであることがわかる．また，加速度は常に原点Oへ向かう向きをもち，大きさが

$$a = R\omega^2 = \frac{v^2}{R} \tag{2.22}$$

のベクトルである．これを**向心加速度**という．

例題 2.1 **放物運動 (2次元運動)** x-軸を水平に，y-軸を垂直にとり，時刻 0 で原点から x-軸の正方向に大きさ V の速度で投げ出された物体の任意の時刻 t の位置 (x, y) は，

$$\begin{cases} x = Vt \\ y = -\dfrac{1}{2}gt^2 \end{cases}$$

により与えられる．ただし，g は鉛直下向きの重力加速度である．任意の時刻における物体の速度と加速度を求めよ．また，物体の描く軌道を描き，軌道上の何点かに速度と加速度を描け．

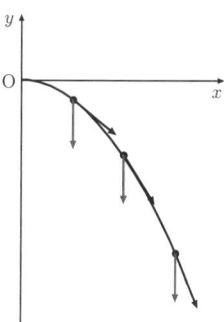

[解答] 速度を $\boldsymbol{v} = (v_x, v_y)$，加速度 $\boldsymbol{a} = (a_x, a_y)$ で表すと

$$\begin{cases} v_x = \dfrac{dx}{dt} = V \\ v_y = \dfrac{dy}{dt} = -gt \end{cases} \qquad \begin{cases} a_x = \dfrac{dv_x}{dt} = 0 \\ a_y = \dfrac{dv_y}{dt} = -g \end{cases}$$

物体の描く軌道と速度と加速度の様子は，図のようになる．

例題 2.2 **螺旋運動 (3次元運動)** 位置 $\boldsymbol{r} = (x, y, z)$ が時間の関数として

$$\begin{cases} x = R\cos\omega t \\ y = R\sin\omega t \\ z = Vt \end{cases}$$

により与えられる物体は，z-軸を中心軸とする半径 R の螺旋軌道を描く．速度と加速度を求め，加速度が xy-平面に平行で，常に z-軸に向かうことを示せ．

[解答] 速度 $\boldsymbol{v} = (v_x, v_y, v_z)$ と加速度 $\boldsymbol{a} = (a_x, a_y, a_z)$ は，微分を用いて次のように求められる．

$$\begin{cases} v_x = \dot{x} = -R\omega\sin\omega t \\ v_y = \dot{y} = R\omega\cos\omega t \\ v_z = \dot{z} = V \end{cases} \qquad \begin{cases} a_x = \dot{v}_x = -R\omega^2\cos\omega t \\ a_y = \dot{v}_y = -R\omega^2\sin\omega t \\ a_z = \dot{v}_z = 0 \end{cases}$$

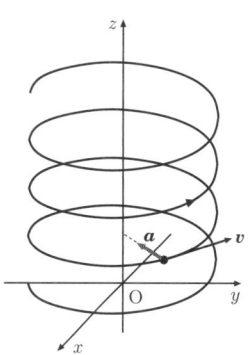

物体の描く軌道と速度と加速度の様子は，図のようになる．加速度の z-成分が 0 なので，加速度は xy-平面に平行である．

次に，xy-平面に平行かつ $z = Vt$ で z-軸と垂直に交わる平面を考える．これまでの説明でわかる通り，加速度ベクトル $\boldsymbol{a}$ はこの平面上にある．この平面上での物体の位置 $\boldsymbol{r}_{xy} = (x, y)$ と加速度

13

$\boldsymbol{a}_{xy} = (a_x, a_y)$ を比べると,
$$\boldsymbol{a}_{xy} = (-R\omega^2 \cos\omega t, -R\omega^2 \sin\omega t) = -\omega^2(x,y) = -\omega^2 \boldsymbol{r}_{xy}$$
となる. つまり, この平面上で位置と加速度は, お互い逆並行の関係になり, 加速度は常に物体から z-軸に向いていることがわかる.

例題 2.3 サイクロイド ある物体の位置が, 時刻 t の関数として以下のように与えられている.
$$x(t) = a(t - \sin t), \quad y(t) = a(1 - \cos t) \qquad (0 \leq t \leq 2\pi,\ a > 0)$$
ここで, a は定数である. $0 \leq t \leq 2\pi$ までの軌道の長さを求めよ.

[解答] まず, 時刻 t の物体の速度 $\boldsymbol{v}(t)$ の x-成分, y-成分をそれぞれ求める.
$$v_x(t) = \frac{dx}{dt} = a(1 - \cos t), \quad v_y(t) = \frac{dy}{dt} = a\sin t$$
ここで, 求める軌道の長さを L とすると,

$$\begin{aligned}
L &= \int_0^{2\pi} v(t)\,dt = \int_0^{2\pi} \sqrt{v_x(t)^2 + v_y(t)^2}\,dt \\
&= \int_0^{2\pi} \sqrt{a^2(1-\cos t)^2 + a^2 \sin^2 t}\,dt \\
&= a\int_0^{2\pi} \sqrt{1 - 2\cos t + \cos^2 t + \sin^2 t}\,dt \\
&= a\int_0^{2\pi} \sqrt{2(1-\cos t)}\,dt = a\int_0^{2\pi} \sqrt{4\sin^2 \frac{t}{2}}\,dt \\
&= 2a\int_0^{2\pi} \sin\frac{t}{2}\,dt \qquad \left([0, 2\pi]\ \text{で},\ \sin\frac{t}{2} > 0\right) \\
&= 2a\left[-2\cos\frac{t}{2}\right]_0^{2\pi} = 2a[2-(-2)] = 8a.
\end{aligned}$$

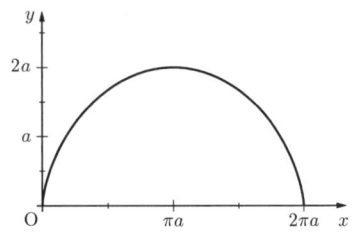

練習問題 2

2.1 2つのベクトル $\boldsymbol{A} = (0, 1, 2)$, $\boldsymbol{B} = (5, 4, 3)$ のなす角を求めよ.

2.2 x-軸を水平に, y-軸を垂直にとり, 時刻 0 で原点 O から x-軸に対して角度 θ をなす方向に, 大きさ V の速度で投げ上げられた物体の時刻 t における位置 (x, y) は,
$$\begin{cases} x = Vt\cos\theta \\ y = Vt\sin\theta - \dfrac{1}{2}gt^2 \end{cases}$$
により与えられる. ただし, g は鉛直下向きの重力加速度である. 物体の高さが最高になる点の座標を求めよ.

2.3 空間内を運動する質点の座標が時間の関数として

$$\begin{cases} x = R\cos\omega t \\ y = R\sin\omega t \\ z = R\sin\omega t \end{cases}$$

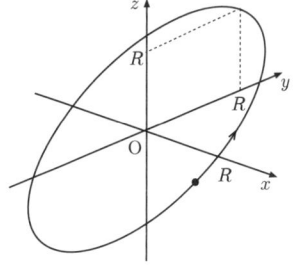

により与えられる．時刻 t における加速度を求めよ．

2.4 ある物体の時刻 t の位置が次のように与えられている．

$$x(t) = a\cos t, \quad y(t) = a\sin t \quad (0 \leq t \leq 2\pi,\ a > 0)$$

ここで，a は定数である．$0 \leq t \leq 2\pi$ までの軌道の長さ L を求めよ．

3

力と運動の3法則

3.1 運動の3法則とは

ニュートン (Newton, 1643-1727) は，『自然哲学の数学的原理（プリンキピア）』(1687年) において，以下の運動の3法則を「力学の公理」として位置づけた．

> 運動の第1法則　外部から作用を受けない物体は等速度運動する．
> 運動の第2法則　物体に働く力は，物体の質量と加速度の積に比例する．
> 運動の第3法則　2つの物体が互いに力を及ぼすとき，大きさが等しくて向きが
> 　　　　　　　　反対の力を及ぼし合う．

3.2 物体の平衡と力

> 学習目標: 物体に働く力の平衡，力の合成や分解を理解する．

力とは

物体に力が働くと，加速度が生じ速度が変化する．このように力とは物体の運動の状態を変化させる原因となる作用のことをいう．力の効果は力の大きさと向き，および力の作用する場所によって決まる．力は大きさと向きをもつので，速度や加速度と同じくベクトル量であり，$\boldsymbol{F}$ と表す．$|\boldsymbol{F}|$ は力の大きさを表す．力の大きさを表す単位はニュートン（記号 N）である．例えば，1 kg の物体に働く重力の大きさは 9.8 N である．

力を図に表すときには，矢印を用いる．力の働いている点を作用点といい，矢印の始点とする．そして，作用点から力の向きに，力の大きさに比例した長さの矢印で力を表す．作用点を通り，力の向きに引いた直線を**作用線**という．

例えば，机の上に置かれた物体に働く力は，図のように表される．

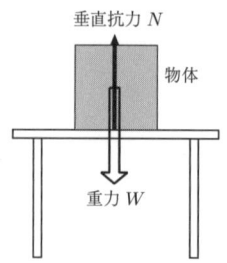

力には，垂直抗力，摩擦力，張力，弾性力などのように他の物体に直接働く力(接触力)の他に，重力，静電気力，電磁力など，物体と物体が直接ふれていなくても作用のおよぶ力(遠隔力)もある．

力の合成と分解

物体に2つの力 F_1 と F_2 が働くとき，この2力と同じ効果をもつ1つの力を求めることを力の合成という．図のように，2力 F_1 と F_2 を2辺とする平行四辺形をつくると，その対角線が2力の合力になる．すなわち，

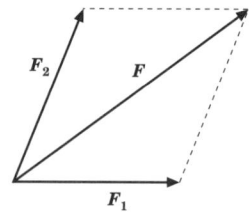

$$\text{力の合成} \quad F_1 + F_2 = F \qquad (3.1)$$

となり，合力 F は2力のベクトル和で表される．

逆に1つの力 F を，同じ効果をもつ2つの力 F_1, F_2 に分けることを力の分解という．分解された2力をもとの力の分力といい，次式で表される．

$$\text{力の分解} \quad F = F_1 + F_2 \qquad (3.2)$$

力の2方向への分け方は無限に存在する．しかし，直角な2方向へ分解することが多い．

力の平衡

水平な机の上に置かれた物体は，自然に動きだすことはない．これは，重力と垂直抗力がつり合っているためである．また，物体に水平方向の小さな力を加えても動きださない．これは，机の面から物体にその運動を妨げる向きに摩擦力が働き，外から加えた力との合力が0となる(つり合う)からである．このように，1つの物体に2つ以上の力が働いても，物体は静止したままである場合がある．この場合，物体には働く力はつり合っていて，これを力の平衡という．一般に，物体に働く2力 F_1, F_2 がつり合うとき，その作用線が一致し，向きが反対で，大きさは等しい．すなわち，

$$F_1 + F_2 = 0 \qquad \therefore \ F_1 = -F_2. \qquad (3.3)$$

次に，3力が同一作用点に作用する場合のつり合いの条件を考える．図において，F_1 と F_2 の2力の合力 F_3' とすると，$F_3' = F_1 + F_2$ と表せる．F_3 と F_3' とが同一作用線上にあり，向きが反対で大きさが等しいとき，すなわち $F_3' = -F_3$ であるときには，この2力はつり合う．このとき，3力 F_1, F_2, F_3 はつり合うことになる．したがって，

$$F_1 + F_2 + F_3 = 0. \qquad (3.4)$$

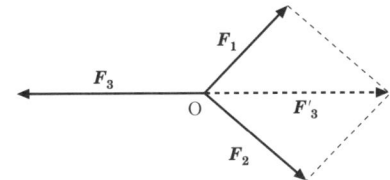

一般に，n 個の力 $\boldsymbol{F}_1, \boldsymbol{F}_2, \boldsymbol{F}_3, \cdots, \boldsymbol{F}_n$ が同一作用点に働き，つり合っているときには，

$$\boldsymbol{F}_1 + \boldsymbol{F}_2 + \boldsymbol{F}_3 + \cdots + \boldsymbol{F}_n = 0 \tag{3.5}$$

が成り立つ．上式を，x-成分，y-成分それぞれについて考えると，各成分ごとにつり合っているから，

$$F_{1x} + F_{2x} + F_{3x} + \cdots + F_{nx} = 0, \qquad F_{1y} + F_{2y} + F_{3y} + \cdots + F_{ny} = 0 \tag{3.6}$$

が成り立つ．

3.3　運動の第1法則 —— 慣性の法則

> 学習目標: 物体の慣性と慣性の法則について理解する．

滑らかな床の上に置かれた物体に速度を与えると，物体は速度を変えずに直線に沿って運動を続ける．このように，外から力が働かない物体がその運動状態(速度)を保とうとする性質のことを物体の慣性という．運動の第1法則は，物体の慣性について述べたもので，慣性の法則とも呼ばれる．

> 慣性の法則: 外部から力の作用を受けない物体は等速度運動する．

現実の物体には，摩擦や空気抵抗などの力が作用するので，床の上を滑る物体もいずれ静止する．慣性の法則では，摩擦や空気抵抗も外部から作用する力と考えるのである．

3.4　運動の第2法則 —— 運動の法則

> 学習目標: 質点の簡単な運動方程式が書けるようになる．

力のつり合いが破れると，物体は運動を始め，速度が変化する．力が大きいほど物体に生じる速度の変化，すなわち加速度は大きく，物体の質量が大きいほど加速度は小さい．また物体を一定の力で引っ張り続けると，物体は速度を増しながら等加速度運動する．このとき，物体の加速度は力に比例する．一方，加速度が一定の場合，物体に働く力は質量に比例する．

すなわち，物体に働く力は，質量と加速度の積に比例する．

$$(\text{力}) \propto (\text{質量}) \times (\text{加速度}) \tag{3.7}$$

このとき，力の単位を比例係数が無次元定数の1となるように選ぶのが便利である．SI単位系では(付録A.1参照)，力の単位をN（ニュートン）で表す．1 kgの物体に1 m/s^{2}の加速度を生じる力が1 Nである．

$$1\text{ N} = 1\text{ kg·m/s}^2 \tag{3.8}$$

物体に働く力が時間とともに変化する場合でも，十分短い時間間隔で考えると，物体に働く力は一定と考えられる．したがって，この短い時間においても物体に働く力は，質量と加速度の積に比例しなければならない．さらに，時間間隔を0に近づける極限で，これはその時刻における力と質量と加速度の関係を与える．いま，時刻 t において質量 m の物体に働く力 F，加速度 a として

$$F = ma \tag{3.9}$$

これを**運動方程式**という．

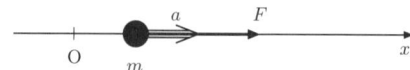

x-軸上を運動する物体の場合，時刻 t における物体の位置座標 x を用いると加速度は，$a = \dfrac{d^2 x}{dt^2}$ と書くことができるので，物体の運動方程式は，次のように表すことができる．

$$\boxed{m\frac{d^2 x}{dt^2} = F} \tag{3.10}$$

運動方程式は時間 t に関する2階の微分方程式である．運動方程式を満たす x を時間の関数として求めることを運動方程式を解く，または積分するという．運動方程式の最も一般的な解は，2個の積分定数を含む．積分定数は，初期時刻 $t = t_0$ における物体の位置 $x(t_0) = x_0$ と速度 $\dot{x}(t_0) = v_0$ を与えることにより一意的に定まる．このように，初期時刻における条件のことを**初期条件**という．多くの力学の問題は，運動方程式を立てて，与えられた初期条件を満たす解をみつけることに帰着される．

空間内を運動する物体の場合にも力が働くと，加速度が生じ物体の速度が変化する．加速度 $\boldsymbol{a} = \ddot{\boldsymbol{r}}$ は，力 $\boldsymbol{F}$ の向きに生じ，大きさは力の大きさに比例する．物体の運動方程式は，力や

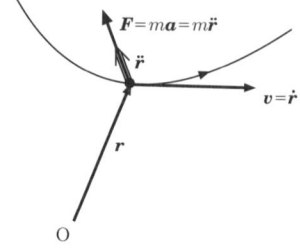

加速度の大きさだけでなく向きも含むようにベクトルを用いて

$$m\frac{d^2\boldsymbol{r}}{dt^2} = \boldsymbol{F} \tag{3.11}$$

と書かれる．これをベクトルの成分を用いて表すと以下のようになる．

$$m\frac{d^2x}{dt^2} = F_x, \qquad m\frac{d^2y}{dt^2} = F_y, \qquad m\frac{d^2z}{dt^2} = F_z \tag{3.12}$$

運動量

質量と速度の積を**運動量**という．速度 $\boldsymbol{v}$ で運動している質量 m の物体の運動量を $\boldsymbol{p}$ とすると

$$\boldsymbol{p} = m\boldsymbol{v} \tag{3.13}$$

と書ける．運動量もベクトル量である．運動量を用いると，物体の運動方程式は

$$\frac{d\boldsymbol{p}}{dt} = \boldsymbol{F} \tag{3.14}$$

と書くことができ，運動の第 2 法則を，物体に働く力は運動量の変化率に等しいと言いかえることができる．

同じ質量の物体であれば，速度が大きいほど運動量が大きく，物体の運動を変化させるのにより大きな力が必要となる．また，同じ速度の物体でも，質量が大きいほど運動量が大きく，物体の運動を変化させるのにより大きな力が必要となる．

3.5 運動の第 3 法則 —— 作用・反作用の法則

> 学習目標: 作用・反作用の法則を使って簡単な運動を調べることができる．

2 つの物体 A, B があって，物体 A が物体 B に力を及ぼすとき，B も A に力を及ぼす．A が B に及ぼす力を作用とすると，B が A に及ぼす力は**反作用**である．作用と反作用は，大きさが等しくて，互いに打ち消し合う向きに働く．これを運動の第 3 法則，または作用・反作用の法則という．

> **運動の第 3 法則:** 物体 A が物体 B に力 $\boldsymbol{F}_{AB}$ を及ぼすとき (作用)，物体 B は大きさが等しくて逆向きの力 $\boldsymbol{F}_{BA}$ を物体 A に及ぼす (反作用)．作用と反作用は，A と B を結ぶ直線に平行に働く．
>
> $$\boldsymbol{F}_{BA} = -\boldsymbol{F}_{AB} \tag{3.15}$$

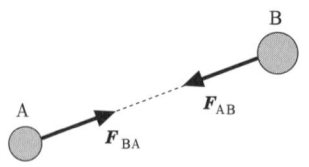

練習問題 3

3.1 垂直に立てられた鉄板にくっついている磁石に働いている力をすべて図示せよ.

3.2 次の条件の下，3つの力 F_1, F_2, F_3 をつり合わせたい．

条件1　$|F_1| = 10$ [N]
条件2　$|F_2| : |F_3| = 1 : 2$
条件3　F_2 と F_3 のなす角が $90°$

このとき，F_2 の大きさを求めよ．

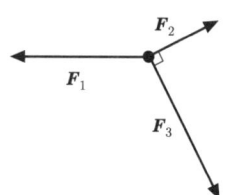

3.3 3つの力 (F_1, F_2, F_3) が働き，静止している物体がある．$F_1 = (3i - j)$ [N]，$F_2 = (-4i - 2j)$ [N] のとき，次の問いに答えよ．ただし，x, y-軸方向の単位ベクトルをそれぞれ i, j とする．

(1) F_1 の大きさ，および F_1 が x-軸となす角度を求めよ．
(2) F_1 と F_2 の合力ベクトルを求めよ．また，その大きさと x-軸となす角度を求めよ．
(3) F_3 を求めよ．

3.4 ある質点(質量 2 kg) が，2つの力を受け速度 $v = (3ti - 3tj)$ [m/s] (t は時間) で運動している．1つの力が $F_1 = (i - 6j + 3k)$ [N] のとき，もう1つの力を求めよ．

3.5 質量 3 kg の物体が -9 N の力を受けながら，x-軸上を運動している．$t = 0$ [s] で原点を初速度 $+12$ m/s で出発したとして，以下の問いに答えよ．

(1) 物体の加速度を求めよ．
(2) ある時刻 t の速度と位置を求めよ．
(3) 物体が原点から x-軸の正の向きに最も遠ざかる時刻とその位置を求めよ．

3.6 静止している質量 5 kg の物体に，1 N の力が3秒間働いた．3秒後の速度を求めよ．

3.7 バネばかりに質量 1 kg のおもりをつけ，エレベーターの天井につるす．次の場合，バネばかりの示す値を求めよ．

(1) 一定の速度 10 m/s で上昇するとき
(2) 一定の速度 10 m/s で下降するとき
(3) 一定の加速度 1 m/s^2 で上昇するとき
(4) 一定の加速度 1 m/s^2 で下降するとき

3.8 図のように，2つの物体 A (質量 5 kg)，B (質量 2.5 kg) が互いに接して，摩擦のない床の上に置かれている．物体 A を 10 N の力で静かに水平に押した．このとき，以下の問いに答えよ．

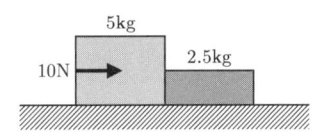

(1) 物体 A に作用する力を図示せよ．
(2) 物体 B に作用する力を図示せよ．
(3) 2つの物体の間に働く力を求めよ．
(4) 2つの物体の加速度を求めよ．
(5) 物体 A に力を加えるのをやめて，今度は同じ大きさで逆向きの力を物体 B に水平に加える．このとき，2つの物体の間に働く力と加速度を求めよ．

4
簡単な1次元運動　その1

> 学習目標: 微積分を用いて運動方程式を解き，その運動を理解する．

4.1 自由運動

　力の作用がない物体の運動を自由運動という．$t=0$ のときの速度が $v_x = v_0$，位置が x_0 で，摩擦などの力が全く働かない物体の自由運動は $x = v_0 t + x_0$ で表せる．これを運動方程式を利用して求めてみよう．物体には力が働かないので運動方程式は，

$$F = m\frac{d^2 x}{dt^2} = 0 \quad \longrightarrow \quad \frac{dv}{dt} = 0 \tag{4.1}$$

となる．ここでは，速度を v とおき $v = \dfrac{dx}{dt}$ であることを用いた．得られた式を積分する．

$$\left(\frac{dx}{dt} =\right) v = C \tag{4.2}$$

C は積分定数で，初速が v_0 なので，$C = v_0$ となる．したがって，この物体の運動は等速度運動であることがわかる．この式をもう一度積分する．

$$x = v_0 t + C'$$

C' は積分定数で，物体の $t=0$ のときの位置 x_0 なので，$C' = x_0$ となる．したがって，この物体の運動は，x_0 と v_0 を使って，時間 t の関数として

$$x = v_0 t + x_0 \tag{4.3}$$

と表すことができる．

4.2 落下運動
4.2.1 自由落下

ある場所から初速度 0 で質量 m の質点を落下させた場合の自由落下について考えてみよう.

鉛直下向きを x-軸の正方向にとり，$t=0$ のときに $x=0$ とする．このとき，質点には x-軸の正方向に重力が働く．重力加速度の大きさを $g\,(=9.8\,[\mathrm{m/s^2}])$ とすると，重力の大きさは mg となる．したがって，運動方程式は次のようになる.

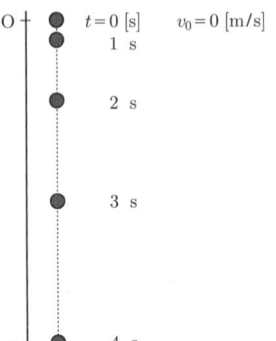

$$m\frac{d^2x}{dt^2}=F \longrightarrow m\frac{dv}{dt}=mg \longrightarrow \frac{dv}{dt}=g \quad (4.4)$$

得られた式を t について積分する.

$$v=gt+C \quad (4.5)$$

C は積分定数で，初速度は 0 なので，$C=0$ となる.

$$v=gt \quad (4.6)$$

この式をもう一度積分する.

$$x=\frac{1}{2}gt^2+C' \quad (4.7)$$

C' は積分定数で，物体の $t=0$ のときの位置は $x=0$ なので $C'=0$ となり，物体の運動は，

$$x=\frac{1}{2}gt^2 \quad (4.8)$$

と表すことができる．このように自由落下では，質点の位置座標，速度，加速度は質点の質量と無関係である．すなわち，質量が違っても全く同じように落下する.

(4.6), (4.7) を連立し t を消去すると次式が得られる.

$$v^2=2gx \quad (4.9)$$

この運動を，横軸を時間，縦軸を質点の位置 x として，また横軸を時間，縦軸を質点の速度 v としてグラフに描くと図のようになる.

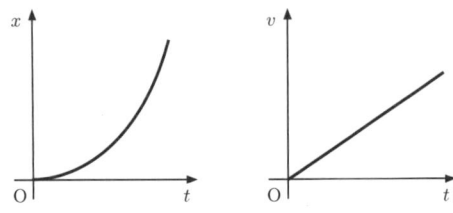

4.2 落下運動

4.2.2 鉛直投げ上げ

初速度を与えて質点を投げ上げた場合の運動について考えてみよう．ここでは，鉛直上向きを x-軸の正方向にとり，$t = 0$ のときに $x = 0$, $v = v_0$ とする．このとき，重力は x-軸の負方向に働くので，運動方程式は次のようになる．

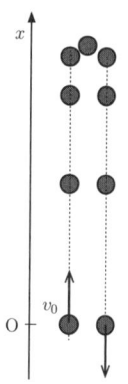

$$F = m\frac{d^2x}{dt^2} = -mg \quad \longrightarrow \quad \frac{dv}{dt} = -g \tag{4.10}$$

このように，質点は質量や初速度によらず，等加速度運動をすることがわかる．この式を t に対して積分すると，

$$v = -gt + C \tag{4.11}$$

となる．C は積分定数で，初速度は v_0 なので，$C = v_0$ となる．

$$v = -gt + v_0 \tag{4.12}$$

この式をもう一度積分する．

$$x = -\frac{1}{2}gt^2 + v_0 t + C' \tag{4.13}$$

C' は積分定数で，物体の $t = 0$ のときの位置は $x = 0$ なので $C' = 0$ になる．したがって，この物体の運動を次式のように表すことができる．

$$x = -\frac{1}{2}gt^2 + v_0 t \tag{4.14}$$

(4.12), (4.14) を連立し t を消去すると次式が得られる．

$$v^2 - v_0^2 = -2gx \tag{4.15}$$

この運動を，横軸を時間，縦軸を質点の位置 x と速度 v として，それぞれグラフに描くと図のようになる．図からわかるように，質点の速度は次第に遅くなり，最高点を過ぎると質点は落下運動を始める．

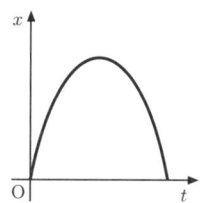
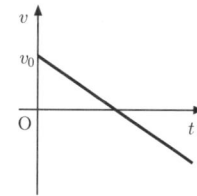

それでは，最も高い点の高さを求めてみよう．そこで x を t に関して微分する．2 次曲線では，極大値または極小値の微分は 0 になることを利用する．

$$\frac{dx}{dt} = -gt + v_0 = 0 \qquad \therefore t = \frac{v_0}{g} \tag{4.16}$$

すなわち，$t = \dfrac{v_0}{g}$ のときに，最も高い点に到達する．またこの式から，最も高い点では質点の速度は 0 になり，質点は最高点を過ぎると自由落下運動をすることがわかる．これを (4.14) に代入すると，最も高い点の位置 (高さ) は，次のように計算できる．

$$x = -\frac{1}{2}g\left(\frac{v_0}{g}\right)^2 + v_0\frac{v_0}{g} = -\frac{1}{2}g\left(\frac{v_0}{g}\right)^2 + \frac{v_0^2}{g} = \frac{1}{2}\frac{v_0^2}{g} \tag{4.17}$$

4.3 斜面上での運動

水平面となす角が θ の滑らかな (摩擦のない) 斜面上を，質量 m の質点が滑り落ちる運動を考える．このとき，質点に働く力は，鉛直下向きに働く重力 (大きさ mg) と斜面に対し垂直上向きに働く斜面からの垂直抗力 (大きさ N) の 2 つの力である．斜面に対し平行下向きに x-軸の正方向，垂直下向きに y-軸の正方向をとり，質点の運動方程式を x, y-軸方向に対してつくると，

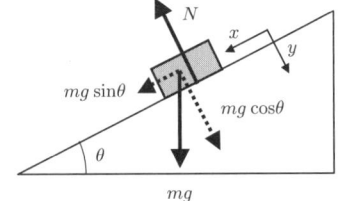

$$(x\text{-軸方向}) \quad m\frac{d^2x}{dt^2} = mg\sin\theta \tag{4.18}$$

$$(y\text{-軸方向}) \quad m\frac{d^2y}{dt^2} = mg\cos\theta - N \tag{4.19}$$

ところで，斜面上を滑り落ちるので質点の y-座標は一定である．すなわち，$\dfrac{dy}{dt} = \dfrac{d^2y}{dt^2} = 0$ である．これを上式に代入すると，

$$(y\text{-軸方向}) \quad 0 = mg\cos\theta - N \qquad \therefore N = mg\cos\theta \tag{4.20}$$

が得られる．このように質点は y-軸方向には運動していない (静止している) ので，この質点の運動は x-軸方向のみの 1 次元運動とみなすことができる．それではその x-軸方向の運動を考えよう．運動方程式より，

$$(x\text{-軸方向}) \quad \frac{d^2x}{dt^2} = g\sin\theta \tag{4.21}$$

であり，加速度 $g\sin\theta$ の等加速度運動であることがわかる．この式を積分することにより速度と位置を求めると，

$$v_x = (g\sin\theta)t + v_0, \qquad x = \frac{1}{2}(g\sin\theta)t^2 + v_0 t + x_0 \tag{4.22}$$

となる．ただし，$t = 0$ のとき $x = x_0, v_x = v_0$ とする．

4.4 摩擦のある運動1 (最大静止摩擦力)

摩擦のある板の上に，質量 m の物体が水平に静止している．このとき，板の一端を引き上げ板を傾けていくと，あるところで物体は滑り始めた．この物体が動き始める直前の摩擦力を最大静止摩擦力と呼ぶ．最大静止摩擦力の大きさ f は，物体が受ける垂直抗力の大きさ N に比例する．その比例係数を静止摩擦係数と呼び，μ とすると

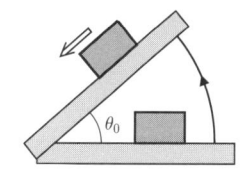

$$f = \mu N \tag{4.23}$$

で与えられ，その向きは運動を妨げる方向である．

さて，板を傾けていき物体が滑り始める直前の傾き角を θ_0 とする．このとき，物体に働く力について，板に垂直な方向と平行な方向に分けて考えよう．物体には，重力 (mg)，垂直抗力 (N)，最大静止摩擦力 (f) の3つの力が働いている．物体は静止しているので，板に垂直な方向と平行な方向のどちらの方向の力の成分もつり合っている．すなわち，

(垂直方向) $\quad N - mg\cos\theta_0 = 0 \quad \therefore \quad N = mg\cos\theta_0 \tag{4.24}$

(平行方向) $\quad mg\sin\theta_0 - f = mg\sin\theta_0 - \mu mg\cos\theta_0 = 0 \quad \therefore \quad \mu = \tan\theta_0 \tag{4.25}$

と，静止摩擦係数 μ と滑り始める直前の傾き角 θ_0 の関係式が求められる．

例題 4.1 図のように，水平な摩擦のある粗い床の上に，質量 2 kg の物体が置かれている．この物体を水平方向に引っ張ったところ，力が 9.8 N のときにこの物体が動き始めた．床と物体の間の静止摩擦係数 μ を求めよ．ただし，重力加速度を 9.8 m/s^2 とする．

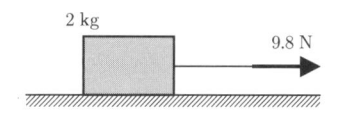

[解答] 最大静止摩擦力は 9.8 N とみなすことができる．

床に垂直方向の力のつり合いより，垂直抗力の大きさは，

$$N = mg = 2 \times 9.8 = 19.6 \text{ [N]}$$

床に平行方向の力のつり合いより，

$$\mu \times 19.6 = 9.8 \quad \therefore \quad \mu = 0.5.$$

4.5 摩擦のある運動2 (動摩擦力)

4.5.1 動摩擦のある水平直線上の運動

摩擦のある水平面上を，質量 m の物体が初速度 v_0 で直線運動している場合について考える．運動している物体にも運動を妨げる向きに摩擦力が働く．この摩擦力を動摩擦力 f と呼ぶ．動摩擦力の大きさ f は，最大静止摩擦力と同様に物体が受ける垂直抗力の大きさ N に比例する．比例係数を μ' とすると，

$$f = \mu' N \tag{4.26}$$

と表され，μ' を動摩擦係数と呼ぶ．静止摩擦係数 μ との間には，

$$\mu' < \mu \tag{4.27}$$

の関係がある．

さて今，物体は水平面上を運動するので，物体に働く鉛直方向の力はつり合っている．すなわち，

$$N - mg = 0 \quad \therefore \quad N = mg \tag{4.28}$$

したがって，動摩擦力の大きさは，

$$f = \mu' mg \tag{4.29}$$

となる．ここで，物体の運動方向を x-軸の正方向にとると，運動方程式は次のようになる．

$$m\frac{d^2 x}{dt^2} = m\frac{dv}{dt} = -f = -\mu' mg \quad \longrightarrow \quad \frac{dv}{dt} = -\mu' g \tag{4.30}$$

このように，物体の加速度の大きさは，動摩擦係数と重力加速度の積となる．

上式を t に対して積分すると，

$$v = -\mu' gt + C \tag{4.31}$$

となる．ここで，C は積分定数で，$t = 0$ のとき $v = v_0$ なので $C = v_0$ となる．

$$\therefore \quad v = -\mu' gt + v_0 \tag{4.32}$$

この式をもう一度積分する．

$$x = -\frac{1}{2}\mu' gt^2 + v_0 t + C' \tag{4.33}$$

ここで，C' は積分定数で，$t = 0$ のとき $x = 0$ とすると $C = 0$ になる．したがって，この物体の位置は，次式で表すことができる．

$$x = -\frac{1}{2}\mu' gt^2 + v_0 t \tag{4.34}$$

4.5.2 動摩擦のある斜面上の運動

摩擦のある斜面を，質量 m の質点が初速度 v_0 で滑り降りる場合について考える．

斜面に平行下向きに x-軸をとる．質点が斜面から受ける垂直抗力の大きさを N とすると，斜面に垂直方向の力のつり合いから，

$$N - mg\cos\theta = 0 \quad \therefore \quad N = mg\cos\theta \quad (4.35)$$

が得られる．したがって，動摩擦力の大きさ f は，斜面と質点の間の動摩擦係数を μ' とすると，次式が得られる．

$$f = \mu' N = \mu' mg\cos\theta \quad (4.36)$$

次に，質点の斜面に平行な方向の運動について考える．重力の斜面に平行な成分は $mg\sin\theta$ なので，質点の斜面に平行な運動方程式は次のようになる．

$$m\frac{d^2x}{dt^2} = m\frac{dv}{dt} = mg\sin\theta - \mu' mg\cos\theta \longrightarrow \frac{dv}{dt} = g(\sin\theta - \mu'\cos\theta) \quad (4.37)$$

上式を t に対して積分すると，

$$v = g(\sin\theta - \mu'\cos\theta)t + C \quad (4.38)$$

となる．ここで，C は積分定数で，初速度であるから $C = v_0$ となる．

$$\therefore \quad v = g(\sin\theta - \mu'\cos\theta)t + v_0 \quad (4.39)$$

この式をもう一度積分する．

$$x = \frac{1}{2}g(\sin\theta - \mu'\cos\theta)t^2 + v_0 t + C'$$

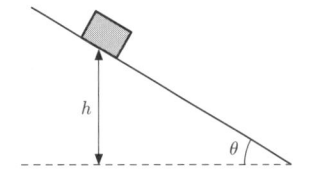

ここで，C' は積分定数で，$t = 0$ のとき $x = 0$ とすると $C' = 0$ になる．したがって，この物体の位置は，次式で表すことができる．

$$x = \frac{1}{2}g(\sin\theta - \mu'\cos\theta)t^2 + v_0 t \quad (4.40)$$

例題 4.2 図のように，傾斜角 θ の粗い斜面上の高さ h のところから，質量 m の物体がゆっくり滑り始めた．この物体が斜面を滑りきるまでの時間を求めよ．ただし，物体と斜面の動摩擦係数を μ' とする．

[解答] 「ゆっくり」とは，初速度 $v_0 = 0$ を意味する．これを先に求めた摩擦のある斜面を運動するときの x の関係式 (4.40) に代入すると，

$$x = \frac{1}{2}g(\sin\theta - \mu'\cos\theta)t^2$$

滑りきるまでに斜面上を物体が進む距離は $x = \dfrac{h}{\sin\theta}$ なので，これを代入して t について解くと，

$$t = \sqrt{\dfrac{2h}{g\sin\theta(\sin\theta - \mu'\cos\theta)}}.$$

練習問題 4

4.1 初速度 1 m/s で質量 0.5 kg の質点を鉛直に投げ下ろした．このとき，横軸を時間にとり，変位，速度，加速度をグラフに表せ．ただし，重力加速度を 9.8 m/s² とする．

4.2 質点を初速度 v_0 で鉛直に投げ上げた．もとの位置に戻るまでの時間とそのときの速度を求めよ．ただし，重力加速度を g とする．

4.3 質量 3 kg の質点を地表より初速度で 19.6 m/s で鉛直に投げ上げた．このとき，以下の問いに答えよ．ただし，重力加速度を 9.8 m/s² とする．

(1) 投げ上げてから最高地点に到達するまでの時間を求めよ．また，その高さを求めよ．

(2) 高さ 14.7 m を通過するのは，投げ上げてから何秒後と何秒後か．また，このときの速度を求めよ．

(3) 地上に落ちるのは投げ上げてから何秒後か．また，このときの速度を求めよ．

4.4 質量 2 kg の質点 1 を地表より初速度 9.8 m/s で鉛直に投げ上げると同時に，その真上から質量 3 kg の質点 2 を自由落下させたところ，質点 1 の最高点で 2 つの質点が衝突した．このとき，質点 2 のはじめの高さを求めよ．ただし，重力加速度を 9.8 m/s² とする．

4.5 図のように，傾斜角 30°の摩擦のない斜面上の点 A に静止していた質量 2 kg の物体に，斜面に沿って上向きに初速度 10 m/s を与えた．このとき，以下の問いに答えよ．ただし，重力加速度を 9.8 m/s² とする．

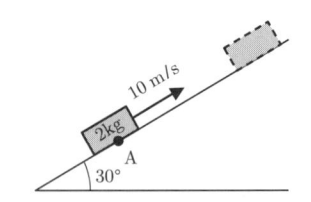

(1) 物体が動き始めてから最高点に達するのに要する時間を求めよ．

(2) 物体の最高点と点 A との距離を求めよ．

(3) 物体が点 A に戻ってくる時間を求めよ．また，そのときの物体の速度を求めよ．

4.6 図のように，水平な粗い面の上に，質量 2 kg の物体を置いた．この物体を水平方向となす角 30°の斜め方向に引っ張ったところ，力が 10 N のときにこの物体が動き始めた．この面と物体の間の静止摩擦係数 μ を求めよ．ただし，重力加速度を 9.8 m/s² とする．

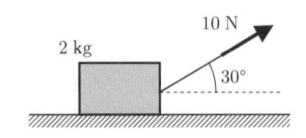

練習問題 4

4.7 摩擦のある水平な床の上に質量 0.5 kg の物体が静止している．この物体に初速度 9.8 m/s を与えたところ，物体は 19.6 m 進んで停止した．このとき，物体と床との動摩擦係数を求めよ．ただし，重力加速度を 9.8 m/s^2 とする．

4.8 斜面上で物体を滑らせる．斜面の角度を 45°にしたときに，物体は等速度運動をするようになった．このとき，物体と斜面の動摩擦係数を求めよ．ただし，重力加速度を 9.8 m/s^2 とする．

5

簡単な1次元運動 その2

学習目標：張力やバネ弾性力が働く場合の運動や単振動を理解し，運動方程式をつくることができる．

5.1 張力がある場合の運動

5.1.1 糸でつるした物体の運動

質量 m の質点を糸でつるし，手で引き上げるときの質点の運動を考える．ただし，この糸は質量がなく伸び縮みしないとする．このとき，手が糸に加える力の大きさを F，これに抗し，糸が手を引く力 (**張力**) の大きさを T とすると，

$$T = F \tag{5.1}$$

となる (張力の大きさは，糸のあらゆるところで等しい)．この張力が質点に直接作用し，質点が引き上げられる．質点にはこの張力の他に重力が作用している．そこで，鉛直上向きを x-軸の正方向にとり，質点の運動方程式を立てると，

$$m\frac{d^2x}{dt^2} = T - mg \quad \therefore \quad \frac{d^2x}{dt^2} = \frac{T}{m} - g = \frac{F}{m} - g \tag{5.2}$$

となる．このように，質点は加速度 $\dfrac{F}{m} - g$ の等加速度運動をする．

5.1.2 糸でつながれた2物体の運動

摩擦のない滑らかな水平面上に軽くて伸びない糸でつながれた質量がそれぞれ m_1, m_2 の2つの物体1, 2が静止している．物体1を水平方向に力 F で引っ

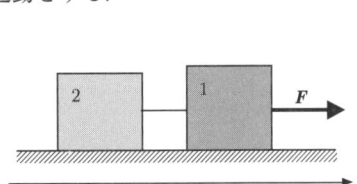

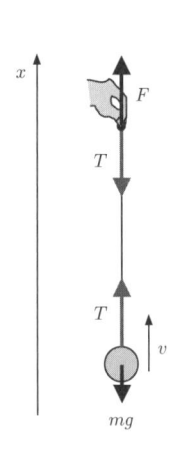

張ったところ，2つの物体は糸につながれたまま水平面上を力の方向に運動し始めた．この運動について考えてみよう．力 F の方向を x-軸の正方向にとることにする．

まず，2つの物体は水平面上を運動するので，物体に働く鉛直方向の力 (重力と垂直抗力) はつり合いの状態にあり，この方向には運動をしない．よって，ここでは水平方向の運動を考える．

物体1に働く力は，力 F と2つの物体をつなぐ糸による張力である．この張力を T とすると，張力は糸が縮む方向に作用するので，その向きは力 F とは逆方向になる．よって，物体1の運動方程式は，

$$m_1 \frac{d^2 x_1}{dt^2} = F - T \tag{5.3}$$

一方，物体2に働く力は糸による張力だけであり，物体1に働く張力とは大きさが同じで反対方向になる．したがって，物体2の運動方程式は，

$$m_2 \frac{d^2 x_2}{dt^2} = T \tag{5.4}$$

また，糸が伸び縮みしないので，2つの物体の加速度は等しい (速度も等しい)．

$$\frac{d^2 x_1}{dt^2} = \frac{d^2 x_2}{dt^2} \quad (= a \text{ とおく}) \tag{5.5}$$

そこで，先の2つの運動方程式を辺々足し合わせると，

$$(m_1 + m_2)a = F \quad \therefore a = \frac{F}{m_1 + m_2} \tag{5.6}$$

となる．またこれを用いて，

$$T = \frac{m_2}{m_1 + m_2} F \tag{5.7}$$

が得られる．

5.1.3 糸でつながれ滑車にかけられた2物体の運動

天井に固定された滑らかに回転する滑車に，軽くて伸びない糸をかけ，その両端に質量がそれぞれ m_1, m_2 ($m_1 > m_2$) のおもり1, 2をつけて静かに放した．すると，おもり1は下降し，おもり2は上昇した．この運動について考えよう．鉛直上向きを x-軸の正方向にとることにする．

おもり1に働く力は，下向きの重力 $m_1 g$ と上向きの張力 T であるので，運動方程式を立てると，

$$m_1 \frac{d^2 x_1}{dt^2} = T - m_1 g \tag{5.8}$$

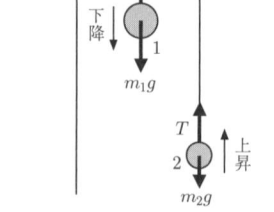

となる．おもり2に働く力も同様に，下向きの重力 $m_2 g$ と上向きの張力 T であるので，運動方程式を立てると，

$$m_2 \frac{d^2 x_2}{dt^2} = T - m_2 g \tag{5.9}$$

となる．また，糸が伸び縮みしないで運動するので，2つの物体の加速度は大きさが同じで向きが逆となるので，

$$\frac{d^2x_2}{dt^2} = -\frac{d^2x_1}{dt^2} \quad (= a \text{ とおく}) \tag{5.10}$$

である．したがって，

$$a = \frac{m_1 - m_2}{m_1 + m_2}g, \qquad T = \frac{2m_1 m_2}{m_1 + m_2}g \tag{5.11}$$

となる．

例題 5.1 図のように，滑らかで水平な机の上に質量 m_1 の物体1を置く．この物体に軽くて伸びない糸をつけ，机の端に固定され滑らかに回転する滑車にかけ，糸の端に質量 m_2 の物体をつるす．このとき，物体の加速度と糸の張力を求めよ．

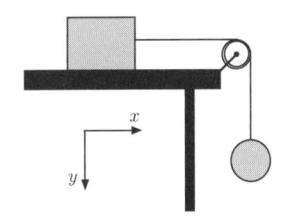

[解答] 物体1は滑車の方向に移動し，物体2は下降する．それぞれの運動方向を x-軸の正方向，y-軸の正方向にとる．糸の張力の大きさを T とすると，物体1, 2の運動方程式は，

(物体1) $\quad m_1 \dfrac{d^2 x_1}{dt^2} = T$

(物体2) $\quad m_2 \dfrac{d^2 y_2}{dt^2} = m_2 g - T$

ここで，糸は伸び縮みしないので，2つの物体の加速度の大きさは等しい．

$$\frac{d^2 x_1}{dt^2} = \frac{d^2 y_2}{dt^2} \quad (= a \text{ とおく})$$

したがって，

$$a = \frac{m_2}{m_1 + m_2}g, \qquad T = \frac{m_1 m_2}{m_1 + m_2}g.$$

5.2 バネ振り子

5.2.1 フックの法則

バネを引き伸ばすあるいは縮めたときに，バネはもとに戻ろうとするため，弾性力 (復元力) がバネの両端に働く．理想的な (質量の無視できる) バネでは，弾性力 F は，バネの自然長 (伸びても縮んでもいない状態) からの変位 x と，そのバネに固有な値 (バネ定数 k) を用いて次のように表される．

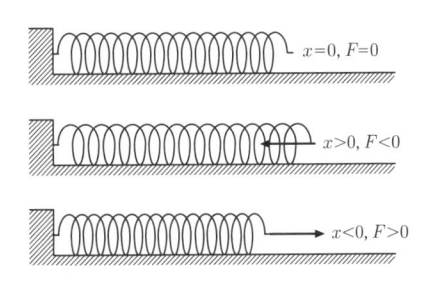

$$F = -kx \tag{5.12}$$

これをフックの法則という．ここで，バネ定数の単位は N/m である．右辺の負の符号は，

弾性力が変位と反平行であることを示している．すなわち，バネの伸び x が正のとき，復元力はバネを縮めるように，伸びとは反対方向に働く．逆に，縮められたバネでは，伸び x は負の値をとり，復元力はバネを伸ばす方向に働く．

[例題 5.2]　バネ定数 k_1, k_2 の2つバネ1, 2を並列に接続した．このとき，2つバネの合成バネ定数を求めよ．

[解答]　図のように，並列接続されたバネを，バネに平行に力 F で引っ張ったら，それぞれのバネは同じ x だけ伸びたとする．このとき，合成バネ定数を K とすると，

$$F = -Kx$$

と表される．また，バネ1, 2に作用する復元力 F_1, F_2 は，

$$F_1 = -k_1 x, \qquad F_2 = -k_2 x$$

となる．この2つの力の合力が F とつり合うので，

$$F = F_1 + F_2 \Longrightarrow -Kx = -(k_1 + k_2)x \qquad \therefore \quad K = k_1 + k_2.$$

5.2.2　水平バネ振り子

図のように，質量 m の物体を，バネ定数 k の軽くて丈夫なバネにつなぎ，水平で滑らかな床の上に置く．物体に水平方向の力が働かない状態でのバネと物体のつなぎ目を原点 O に選び，バネが伸びる方向に x-軸を設定する．物体を a だけ変位させ静かに離したところ，x-軸に沿って振動を始めた．このときの物体の運動について考える．

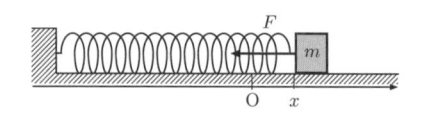

ある時刻 t のバネの伸びを x とする．このときに物体に働く弾性力は $F = -kx$ であるので，運動方程式は

$$m\frac{d^2 x}{dt^2} = -kx \tag{5.13}$$

により与えられる．ここで，$\omega = \sqrt{\dfrac{k}{m}}$ としてこの運動方程式を書き直すと，

$$\frac{d^2 x}{dt^2} = -\omega^2 x \tag{5.14}$$

が得られる．この方程式は**単振動**の運動方程式と呼ばれる．この方程式の一般解は

$$x = A\cos(\omega t + \delta) \tag{5.15}$$

により与えられる．ここで，ω は**角振動数**，$\omega t + \delta$ は**位相**と呼ばれる．特に，定数 δ は時刻 $t = 0$ の位相なので**初期位相**と呼ばれる．この一般解は A と δ の2つの未知数を含んでいる．

5.2 バネ振り子

しかし，ある時刻における質点の位置および速度から，これらの未知数を決定することができる．例えば，ここで考えている物体の運動の初期条件は，

$$x(0) = a, \qquad v(0) = 0 \tag{5.16}$$

である．したがって，

$$a = A\cos\delta, \qquad 0 = -A\omega\sin\delta \tag{5.17}$$

となる．(5.17) の右式において A, ω は 0 ではないので，

$$\sin\delta = 0 \qquad \therefore \quad \delta = 0, \pi \tag{5.18}$$

が得られる．これを (5.17) の左式に代入すると，

$$A = a \ (\delta = 0), \quad -a \ (\delta = \pi)$$

となる．しかしどちらの場合も，

$$x = a\cos\omega t = a\cos\sqrt{\frac{k}{m}}t \tag{5.19}$$

が，(5.13) の運動方程式の解であることがわかる．上式は，物体の振幅が a，角振動数が $\sqrt{\frac{k}{m}}$ の単振動をすることを表している．角振動数はバネ定数と質点の質量によって決まる．この振動の周期 T は，

$$T = \frac{2\pi}{\omega} = 2\pi\sqrt{\frac{m}{k}} \tag{5.20}$$

で与えられる (6.2.4 項参照).

5.2.3 鉛直バネ振り子

右図のように，質量 m のおもりを，バネ定数 k の軽くて丈夫なバネにつなぎ，鉛直につるす．つり合いの位置よりおもりを下に a だけ引っ張り静かに手を放したところ，おもりは単振動を始めた．このときの物体の運動について考える．

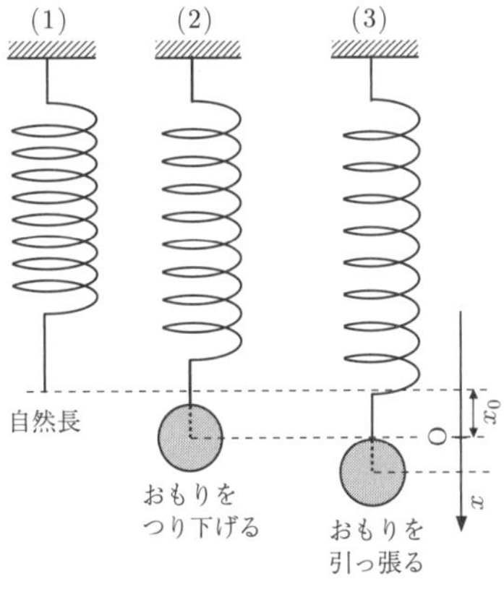

つり合いの位置でのバネの先端 (おもりの中心) を原点 O に選び，鉛直下向きに x-軸を設定する．つり合いの位置が自然長より x_0 だけ伸びた位置だとすると，

$$mg - kx_0 = 0 \tag{5.21}$$

おもりが位置 x にあるときに物体に働く力は $F = mg - k(x + x_0)$ なので，おもりの運動方程式は，

$$m\frac{d^2x}{dt^2} = mg - k(x + x_0) = -kx, \qquad \therefore \quad \frac{d^2x}{dt^2} = -\frac{k}{m}x \tag{5.22}$$

となり，水平バネ振り子と同じ単振動の運動方程式になる．この運動方程式を，初期条件 $(x=a, v=0)$ のもとに解くと，

$$x = a\cos\sqrt{\frac{k}{m}}t \tag{5.23}$$

となる．このように，鉛直バネ振り子の運動はつり合いの位置を中心に，振幅 a，角振動数 $\sqrt{\frac{k}{m}}$ の単振動であり，これらは重力によらないので，地上でも月面上でも同じ値となる．

5.3 単振り子

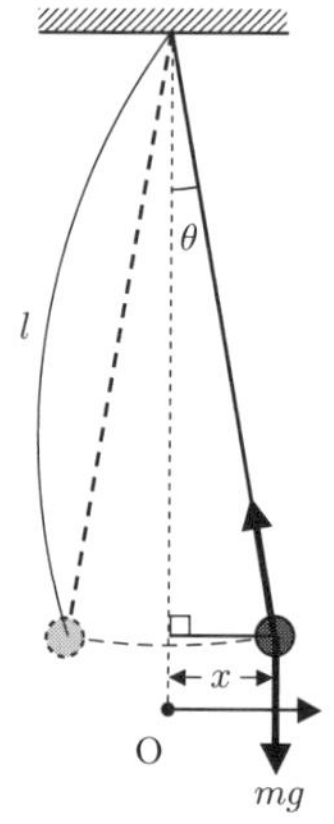

単振り子の運動について，近似を用いた解法について説明する．右図のように，長さ l の糸の先端に質量 m の質点を取り付けた単振り子の振動について考える．糸と鉛直下方とのなす角を θ とし，θ が小さい場合の近似的な解法を示す．質点には重力 mg と糸の張力 T が働いている．これらの合力は，質点の動く円弧の接線方向に働き，その大きさは $mg\sin\theta$ である．水平右向きに x-軸をとる．θ が小さい場合，質点には水平方向に $mg\sin\theta$ の力が働くと近似的に考えてよい．したがって，運動方程式は次のように書ける．

$$F = m\frac{d^2x}{dt^2} = -mg\sin\theta \tag{5.24}$$

また，次の関係が成り立つ．

$$\sin\theta = \frac{x}{l} \tag{5.25}$$

この式を運動方程式に代入すると，

$$m\frac{d^2x}{dt^2} = -mg\frac{x}{l} \tag{5.26}$$

が得られる．ここで，$\omega^2 = \frac{g}{l}$ とおけば，次の単振動の方程式が得られる．

$$\frac{d^2x}{dt^2} = -\omega^2 x \tag{5.27}$$

この微分方程式の一般解は，

$$x = x_0\cos(\sqrt{\frac{g}{l}}t + \phi_0) \tag{5.28}$$

で表される．また，この運動の周期は，

$$T = \frac{2\pi}{\omega} = 2\pi\sqrt{\frac{l}{g}} \tag{5.29}$$

となる．すなわち，周期は振り子の長さ l にだけ依存して，質量 m に依存しない．この性質を振り子の**等時性**と呼ぶ．

練習問題 5

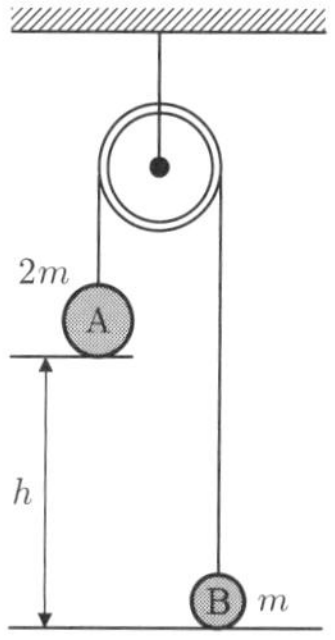

5.1 図のように，質量がそれぞれ $2m$ と m の球 A, B を糸でつなぎ滑らかに回転する滑車にかけ，B がちょうど地面に着くように，A を手で支えたところ，その高さは地面から h であった．このとき，以下の問いに答えよ．ただし，糸の質量は無視できるものとする．

(1) 糸の張力，手で支えている力の大きさを求めよ．

(2) 手を離したところ，物体 A は落下し始めた．このときの物体 A の加速度と糸の張力を求めよ．

(3) 物体 A が落下を始めてから地面に到達する時間を求めよ．また，そのときの物体 A の速度を求めよ．

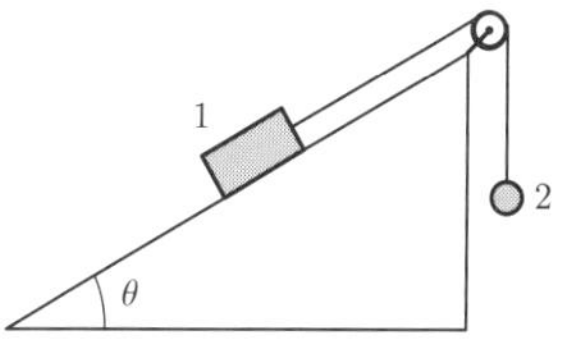

5.2 図のように，傾斜角 θ の摩擦のない斜面上の質量 m_1 の物体 1 に軽くて伸びない糸をつけ，その糸を滑らかに回転する滑車にかけて，糸の他端に質量 m_2 の物体 2 を取り付けたところ，物体 1 は上昇し，物体 2 は下降した．このとき，以下の問いに答えよ．ただし，重力加速度を g とする．

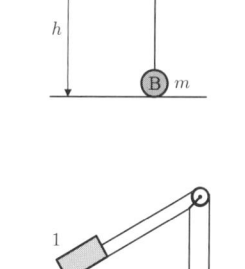

(1) 物体 1, 2 の運動方程式を書け．ただし，糸の張力の大きさを T とする．

(2) 張力 T を求めよ．

(3) 物体の加速度を求めよ．

(4) 物体 1 は上昇し，物体 2 は下降する傾斜角 θ の条件を求めよ．

5.3 バネ定数 k_1, k_2 の 2 つバネ 1, 2 を直列に接続した．2 つバネの合成バネ定数を求めよ．

5.4 質量が 100 g のおもりをつけたバネ定数 0.025 N/m のバネ振り子の振動の周期を求めよ．

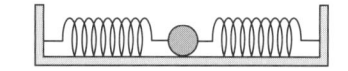

5.5 図のように，質量 m の小球にバネ定数 k_1, k_2 のバネを取り付け，滑らかな水平面上に配置した．このとき，2 つのバネは自然長であったとする．小球をわずかにずらして手を放すと小球は単振動を始めた．その周期を求めよ．

5.6 エレベーターの天井に，長さ 0.5 m の単振り子が取り付けられている．次の場合，単振り子の周期を求めよ．

(1) 2 m/s^2 の等加速度で上昇しているとき

(2) 5 m/s で等速度運動で上昇しているとき

(3) 3 m/s^2 の等加速度で下降しているとき

(4) 10 m/s で等速度運動で下降しているとき

6

簡単な2次元運動

> 学習目標: 放物運動と等速円運動について運動方程式をつくり，それを解くことができる．

6.1 放物運動

6.1.1 水平投射

質量 m の質点を水平方向に初速度 v_0 で投げ出したときの運動について考える．空気抵抗が無視できるとすると，投げ出された質点に働く力は，重力のみである．投げ出された地点を座標の原点として，初速度方向に x-軸の正方向，鉛直下向きに y-軸の正方向をとると，質点の初期状態は $\boldsymbol{r}_0 = (0,0)$, $\boldsymbol{v}_0 = (v_0, 0)$ と表される．このとき，質点の運動方程式は位置ベクトル $\boldsymbol{r} = (x, y)$ を用いると，

$$m\frac{d^2\boldsymbol{r}}{dt^2} = \boldsymbol{F} \text{ より,} \qquad m\frac{d^2x}{dt^2}\boldsymbol{i} + m\frac{d^2y}{dt^2}\boldsymbol{j} = mg\boldsymbol{j} \tag{6.1}$$

と表すことができる．ここで，$\boldsymbol{i}, \boldsymbol{j}$ はそれぞれ x, y-軸方向の単位ベクトルである．x, y-成分ごとに書き直すと，

$$(x\text{-軸方向}) \quad m\frac{d^2x}{dt^2} = 0, \qquad (y\text{-軸方向}) \quad m\frac{d^2y}{dt^2} = mg \tag{6.2}$$

となる．これらの式はそれぞれ，時間変数 t の2階の微分方程式で，前式は自由運動の方程式，後式は落下運動の方程式を表していることがわかる．それぞれの式を積分して速度を求める．このとき，初速度が $\boldsymbol{v}_0 = (v_0, 0)$ であることに注意すると，

$$\begin{aligned}(x\text{-軸方向}) \quad & v_x = \frac{dx}{dt} = v_0, \\ (y\text{-軸方向}) \quad & v_y = \frac{dy}{dt} = gt\end{aligned} \tag{6.3}$$

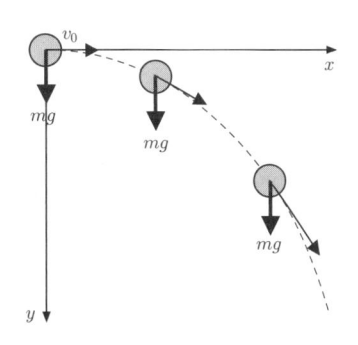

となる．時刻 t での速さは，

$$v = \sqrt{v_x^2 + v_y^2} = \sqrt{v_0^2 + g^2 t^2} \tag{6.4}$$

と表される．さらに，積分して位置座標を求める．このとき，初期座標が原点であることに注意すると，

$$(x\text{-軸方向}) \quad x = v_0 t, \quad (y\text{-軸方向}) \quad y = \frac{1}{2} g t^2 \tag{6.5}$$

と求められる．このように，投げ出された質点は，<u>x-軸方向には初速度のまま等速度運動をし，y-軸方向には自由落下運動をする</u>ことがわかる．この両辺を連立し t を消去すると，

$$y = \frac{g}{2 v_0^2} x^2 \tag{6.6}$$

が得られる．これは投げ出された質点の**軌道**を表す．一般に，2次関数で表される曲線を放物線というが，この放物線を軌道にもつ質点の運動を**放物運動**という．

6.1.2 斜方投射

質量 m の質点を，水平方向に対してある角度 θ だけ上向き (仰角 θ という) に，地表より放り投げるときの運動を考える．このとき空気抵抗が無視できるとすると，投げ出された質点に働く力は，重力のみである．右図のように，水平線に沿った方向に x-軸，鉛直上方に y-軸をとる．ここで，物体は時刻 $t = 0$ で原点 O から，仰角 θ で初速度 $\boldsymbol{v}_0$ で放り投げられたとする．質点の x, y-軸方向の運動方程式はそれぞれ，

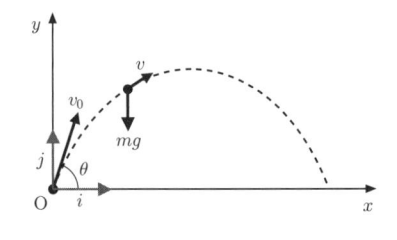

$$m \frac{d^2 x}{dt^2} = 0, \quad m \frac{d^2 y}{dt^2} = -mg \tag{6.7}$$

と表せる．ここで，初速度 $\boldsymbol{v}_0$ は $\boldsymbol{v}_0 = (v_0 \cos\theta, v_0 \sin\theta)$ となるので，

$$v_x = v_0 \cos\theta, \quad v_y = -gt + v_0 \sin\theta \tag{6.8}$$

が求められる．さらに，初期位置が原点であることに注意して

$$x = (v_0 \cos\theta) t, \quad y = -\frac{1}{2} g t^2 + (v_0 \sin\theta) t \tag{6.9}$$

が求まる．(6.9) の 2 式から t を消去することで，質点の軌道を求めると

$$\begin{aligned} y &= (\tan\theta) x - \frac{1}{2} \frac{g}{v_0^2 \cos^2\theta} x^2 \\ &= -\frac{1}{2} \frac{g}{v_0^2 \cos^2\theta} \left(x - \frac{v_0^2 \sin\theta \cos\theta}{g} \right)^2 + \frac{v_0^2 \sin^2\theta}{2g} \end{aligned} \tag{6.10}$$

となる．つまり，y は x について 2 次関数となるので，この質点の軌道は放物線である．この関係式より，質点の最高地点の位置座標は，

$$x = \frac{v_0^2 \sin\theta \cos\theta}{g} = \frac{v_0^2 \sin 2\theta}{2g}, \quad y = \frac{v_0^2 \sin^2\theta}{2g} \tag{6.11}$$

と求められる.また,地表に落下するまでに質点が移動する水平距離(水平到達距離)Dは,

$$D = \frac{v_0^2 \sin 2\theta}{g} \tag{6.12}$$

と求まり,D を最大にする角度は $\theta = 45°$ であることがわかる.

例題 6.1 斜方投射において,質点が地表に落下する時刻とそのときの速度を求めよ.

[解答] 質点は水平方向には速度 $v_0 \cos\theta$ の等速度運動をするので,落下までの所要時間 T は水平到達距離を D とすると,

$$T = \frac{D}{v_0 \cos\theta} = \frac{2v_0 \sin\theta}{g}$$

である.したがって,このときの速度は,

$$v_x = v_0 \cos\theta, \qquad v_y = -g \cdot \frac{2v_0 \sin\theta}{g} + v_0 \sin\theta = -v_0 \sin\theta$$

と求められる.よって,速さは,

$$v = \sqrt{(v_0 \cos\theta)^2 + (-v_0 \sin\theta)^2} = v_0$$

となる.以上から,落下するときに速度は,初速度と比べて鉛直方向の速度だけが逆向きになっていることがわかる.

例題 6.2 斜方投射において,質点が地表に落下する時刻 T と水平到達距離 D を用いて,初速度 v_0 と $\tan\theta$ (θ は仰角)を表せ.

[解答] $T = \dfrac{D}{v_0 \cos\theta} = \dfrac{2v_0 \sin\theta}{g}$ より,$\quad \cos\theta = \dfrac{D}{v_0 T}, \quad \sin\theta = \dfrac{gT}{2v_0}$

$\cos^2\theta + \sin^2\theta = 1$ より,$\quad \dfrac{D^2}{v_0^2 T^2} + \dfrac{g^2 T^2}{4v_0^2} = 1 \quad \therefore \quad v_0^2 = \dfrac{D^2}{T^2} + \dfrac{g^2 T^2}{4}$

したがって,
$$v_0 = \sqrt{\frac{D^2}{T^2} + \frac{g^2 T^2}{4}}$$

また,
$$\tan\theta = \frac{\sin\theta}{\cos\theta} = \frac{gT^2}{2D}.$$

6.2 等速円運動

ここまでは,はじめに運動方程式を求めてから運動を解析したが,ここでは逆に,はじめに位置ベクトルを求めてから運動方程式を導いてみよう.

学習目標: 等速円運動における角速度,周期,周波数,向心加速度,向心力を理解する.

6.2.1 位置座標と角速度

右図のように,原点 O を中心とする半径 R の円周に沿って反時計まわりに一定の速さ v で運動する質点 P を考える.線分 OP を動径という.時刻 t において,動径が x-軸となす角度を θ とすると,このときの質点の位置ベクトル $\boldsymbol{r}$ は,

$$\boldsymbol{r} = (x, y) = (R\cos\theta, R\sin\theta) \tag{6.13}$$

と与えられる.ここで,質点は等速円運動をしているので,θ は時刻 t の関数である.そこで単位時間当たりに質点が原点のまわりを回転する角度を ω とする.また,時刻 $t=0$ において,動径が x-軸となす角度を δ とすると,

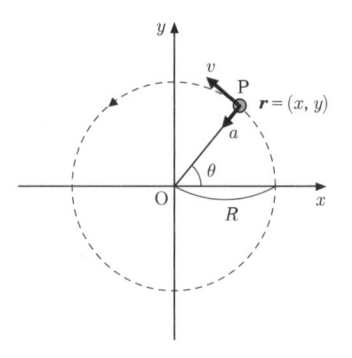

$$\theta = \omega t + \delta \tag{6.14}$$

である.ここで,ω は角速度,δ は初期位相である.一般的に,角速度は次のように定義される

$$\boxed{\omega = \lim_{\Delta t \to 0} \frac{\Delta \theta}{\Delta t} = \frac{d\theta}{dt} = \dot{\theta}} \tag{6.15}$$

$\theta = \omega t + \delta$ を用いると,時刻 t における質点の位置座標は次のように書き換えられる.

$$\begin{cases} x = R\cos(\omega t + \delta) \\ y = R\sin(\omega t + \delta) \end{cases} \tag{6.16}$$

6.2.2 速度と加速度

速度と加速度は,

$$\text{速度}: \begin{cases} v_x = \dfrac{dx}{dt} = -\omega R \sin(\omega t + \delta) \\ v_y = \dfrac{dy}{dt} = \omega R \cos(\omega t + \delta) \end{cases} \tag{6.17}$$

$$\text{加速度}: \begin{cases} a_x = \dfrac{dv_x}{dt} = -\omega^2 R \cos(\omega t + \delta) \\ a_y = \dfrac{dv_y}{dt} = -\omega^2 R \sin(\omega t + \delta) \end{cases} \tag{6.18}$$

と計算される.これから,速度は動径に垂直な向きをもち,大きさが

$$\boxed{v = \sqrt{v_x^2 + v_y^2} = R\omega} \tag{6.19}$$

のベクトルであることがわかる.また,加速度は常に原点へ向かう向きをもち,大きさが

$$\boxed{a = \sqrt{a_x^2 + a_y^2} = R\omega^2 = \frac{v^2}{R}} \tag{6.20}$$

6.2 等速円運動

のベクトルである．これを向心加速度という．このように等速円運動は，「等速」であっても「等速度」ではないので，加速度は0にならない．速度の向きが変わるだけでも加速度が生じるのである．

例題 6.3 等速円運動をする質点の速度は，動径と垂直であることを示せ．

[解答] 質点の位置ベクトル $\bm{r} = (R\cos(\omega t + \delta), R\sin(\omega t + \delta))$ と速度ベクトル $\bm{v} = (-\omega R\sin(\omega t + \delta), \omega R\cos(\omega t + \delta))$ の内積は，

$$\bm{r} \cdot \bm{v} = |\bm{r}| \cdot |\bm{v}| \cos\varphi = \omega R^2 \cos\varphi$$

と計算される．ただし，φ は $\bm{r}$ と $\bm{v}$ のなす角とする．また，この内積をベクトルの成分を用いて計算すると，

$$\bm{r} \cdot \bm{v} = (R\cos(\omega t + \delta))(-\omega R\sin(\omega t + \delta)) + (R\sin(\omega t + \delta))(\omega R\cos(\omega t + \delta)) = 0$$

よって，
$$\omega R^2 \cos\varphi = 0$$

ここで，$\omega R^2 > 0$ なので，$\cos\varphi = 0$

したがって，質点の速度は，動径と垂直である．

6.2.3 向心力と運動方程式

前節で求めたように等速円運動をしている質点の加速度は，大きさが $R\omega^2$，向きは中心方向である．この方向を正方向に取り直し，質点の質量を m として運動の第2法則を用いると，等速円運動の運動方程式は

$$\boxed{ma = mR\omega^2 = \frac{mv^2}{R} = F} \tag{6.21}$$

と表される．このとき，加速度は常に原点を向き，大きさは一定であるので，外力もまた常に原点を向き，大きさは一定である．このように，常に中心を向いている力のことを向心力という．例えば，ひもをつけたおもりを振り回し等速円運動させる場合には張力，惑星の運動の場合には万有引力がそれぞれの運動の向心力にあたる．

例題 6.4 図のように，鉛直面内にある半径 R の円軌道をもつレール上を運動する質量 m の質点がある．この円軌道の最高点 P での質点の速さを v とする．このとき，質点がレールから受ける垂直抗力の大きさを求めよ．ただし，摩擦や空気抵抗は無視できるとする．

[解答] この質点の運動は等速円運動とは限らないが，非常に短い微小時間においては，等速円運動とみなせる．そこで，質

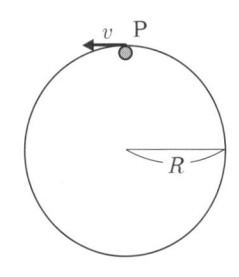

点が最高点近傍にある微小時間の運動方程式をつくってみよう．このとき，物体に働く力は重力 mg と垂直抗力 N であり，これらの合力が向心力になっていると考えられる．したがって，運動方程式は，

$$m\frac{v^2}{R} = mg + N$$

となる．したがって，

$$N = m\left(\frac{v^2}{R} - g\right).$$

6.2.4 角速度と周期・周波数

質点が角速度 ω で等速円運動しているとき，質点の位置は角度 2π (ラジアン) 回転するごとに同一になる．また，このときに速度，加速度も同一になる．このように，一定の時間が経過するごとに同じ状態を繰り返す運動を周期運動といい，この一定の時間を周期と呼ぶ．このとき，周期を T とすると，時間 T の間に質点は角度 2π (ラジアン) 回転することになるので，

$$\omega T = 2\pi \quad \therefore \quad \omega = \frac{2\pi}{T} \tag{6.22}$$

の関係が得られる．さらに，周期 T と周波数 f は逆数の関係 $T = \dfrac{1}{f}$ なので，

$$\omega = \frac{2\pi}{T} = 2\pi f \tag{6.23}$$

となる．

　例題 6.5　地球の自転によって赤道上の物体がもつ向心加速度の大きさを求めよ．ただし，地球の半径を 6.37×10^6 m とする．

[解答] 地球の半径を R，自転の周期を T とすると，赤道上の物体の速さ v は，

$$v = \frac{2\pi R}{T} = \frac{2\pi \times 6.37 \times 10^6}{24 \times 60 \times 60} = 463 \text{ [m/s]}$$

加速度の大きさ a は，

$$a = \frac{v^2}{R} = \frac{463^2}{6.37 \times 10^6} = 0.034 \text{ [m/s}^2\text{]}.$$

6.2.5 等速円運動と単振動

半径 R，角速度 ω で等速円運動をする質点の x, y-軸方向の加速度と変位の関係は，

$$a_x = -\omega^2 R \cos(\omega t + \delta) = -\omega^2 x \tag{6.24}$$

$$a_y = -\omega^2 R \sin(\omega t + \delta) = -\omega^2 y \tag{6.25}$$

で与えられる．

一般に，
$$\frac{d^2X}{dt^2} = -\omega^2 X \qquad (6.26)$$
の形に表される方程式を，**単振動の方程式**という．この方程式の一般解は，
$$X = r\cos(\omega t + \delta) \qquad (6.27)$$
により与えられるが，これは半径 r の等速円運動における x-軸方向の運動と等価である．またここで，$\delta \to \delta - \frac{\pi}{2}$ とすれば，
$$X = r\sin(\omega t + \delta)$$
となり，y-軸方向の運動と等価である．すなわち，等速円運動をする物体を横から見たときの運動は，単振動と同一である．等速円運動とバネの単振動の対応関係を表したのが右図である．

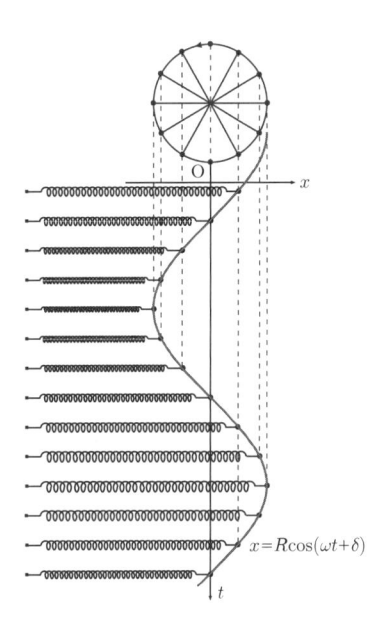

練習問題 6

6.1 図のように，質点を地表より斜方投射したところ，20 m 離れたところにある壁の高さ 2.5 m のところに垂直に衝突した．このとき，以下の問いに答えよ．ただし，重力加速度を 9.8 m/s^2 とする．

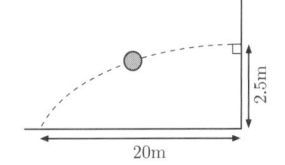

(1) 初速度の鉛直成分を求めよ．
(2) 初速度の水平成分を求めよ．

6.2 図のように，水平な床の上の点 A から，仰角 $60°$，初速度の大きさ v_0 で物体 1 を投げ上げると同時に，ある距離だけ離れた同じ水平面上より点 B から仰角 $30°$ で物体 2 を投げ上げたところ，物体 1, 2 は同じ最高点で衝突した．

(1) 投げ上げてから衝突するまでの時間を求めよ．
(2) 物体 2 の初速度の大きさを求めよ．
(3) 点 A と点 B の距離を求めよ．

6.3 図のように，長さ l の軽くて伸びない糸の端に質量 m の質点をつけ，天井からつるし，一定の角速度で，水平面内で円運動をさせる．糸が鉛直線とのなす角を θ とする．このとき，以下の問いに答えよ．ただし，重力加速度を g とする (これを円すい振り子という)．

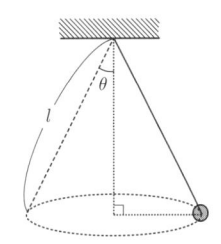

(1) 質点に働く力を図示せよ.

(2) 糸の張力の大きさを求めよ.

(3) 角速度を求めよ.

6.4 遊園地のローターという乗物では，回転数がある大きさになったときに床を下げると，人は壁に押しつけられたまま，その位置にとどまり回転する．ここで，ローターとは中心軸のまわりに高速回転する大きな中空の円筒のことをいう．人の衣服と壁の布の間の静止摩擦係数を μ, ローターの半径を R, 人の質量を m, 重力加速度の大きさを g とする．このとき，以下の問いに答えよ．

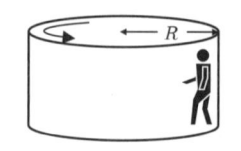

(1) 人が床に落下しないような最小の回転時に，壁から人に働く垂直抗力の大きさを求めよ．

(2) 人が床に落下しないための最小の回転の速さを求めよ．

7
仕事と運動エネルギー

> 学習目標: 仕事と運動エネルギーの定義，またその関係について理解する．

7.1 直線上で働く力の仕事

　物体に一定の力を作用させて，力が作用する直線に沿って物体を変位させるとき，力と変位の積をその力がなす仕事という．図のように，物体に力 F を作用させ，物体を距離 s だけ変位させたとき，力 F が物体に対してした仕事 W は，

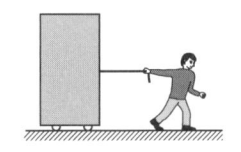

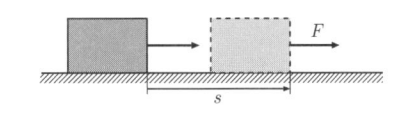

$$W = Fs \tag{7.1}$$

で与えられる．仕事はベクトル量ではなく，向きをもたないスカラー量である．
　力 F と物体の変位が同じ向きの場合，仕事は正である．力と変位が互いに反対向きの場合，力は物体に対して負の仕事をする．例えば，滑らかな床の上に置かれた物体を押し出すときに行う仕事は正の仕事で，逆に床の上を滑っている物体を止めようとするときに行うのは負の仕事である．また，力いっぱい物体を押しても物体が動かなければ仕事は 0 である．

仕事の単位

　物体に 1 N の力を作用させて，力の方向に 1 m 変位させたときに力がした仕事を 1 J (ジュール) すなわち，

$$1\,\mathrm{J} = 1\,\mathrm{N \cdot m} \tag{7.2}$$

と定義する．

仕事率

仕事 W をするのに時間 t を要したとする．このとき，仕事の能率を**仕事率** P といい，

$$P = \frac{W}{t}$$

と定義する．単位は W (ワット) (= J/s) である．また，仕事率は方向をもたないスカラー量である．一般的なテキストと同様に本書でも仕事を W (斜体) で表しているので，仕事率の単位 W と混同しないように気をつけること．

7.2 斜めに働く力の仕事

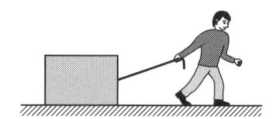

前節では，力が作用する直線に沿って物体が運動する場合を考えたが，物体は必ずしも力と平行な方向に運動するとは限らない．そのような場合の仕事をどのように考えればよいだろうか．そこで，力を物体の変位に平行な成分と垂直な成分に分解して，それぞれがなす仕事を考えてみる．

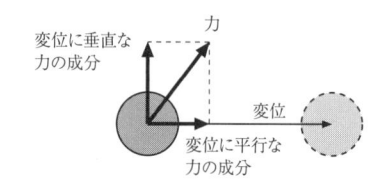

変位に平行な成分の力がなす仕事は，力の向きと変位の向きが一致しているので，力と変位の積として仕事を求めることができる．これに対して，変位に垂直な力の成分は，それが作用する方向に物体が変位しない．したがって，変位に垂直な方向の力の成分がなす仕事は 0 である．そこで，一般的な仕事を以下のように定義する．

物体に大きさと向きが一定の力を作用させて，直線に沿って変位させる．このとき，力がなす仕事は物体の変位方向の力の成分と変位の大きさの積に等しい．

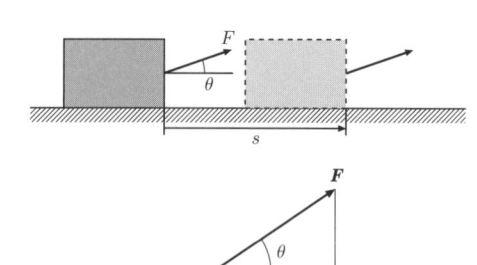

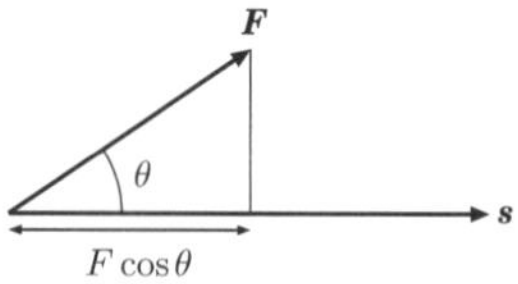

したがって，右図のように，物体に角度 θ 方向に大きさ F の力を作用させ，物体を距離 s だけ変位させたとき，力 $\boldsymbol{F}$ が物体に対してした仕事 W は，

$$W = Fs\cos\theta \qquad (7.3)$$

と表される．またこの式を，力ベクトル $\boldsymbol{F}$ と変位ベクトル $\boldsymbol{s}$ の内積を用いて，次のように表すこともできる．

$$\boxed{\text{仕事} \qquad W = \boldsymbol{F} \cdot \boldsymbol{s} = |\boldsymbol{F}| \cdot |\boldsymbol{s}| \cos\theta} \qquad (7.4)$$

力 $\boldsymbol{F}$ の変位方向の成分が正の場合，力がなす仕事は正である．これに対し $\frac{\pi}{2} < \theta \leq \pi$ のときは，力 $\boldsymbol{F}$ の変位方向の射影が変位と反対向きになり，力は物体に対して負の仕事をすることになる．

7.3 曲線に沿う仕事

例題 7.1 図のように，水平面と 30°の角度をなす斜面に沿って，重さ 10 kg の荷物を 100 N の力で 1 m 引き上げる．このとき，引き上げる力がなす仕事，および斜面からの垂直抗力と重力がなす仕事を求めよ．ただし，重力加速度の大きさを 9.8 m/s² とする．

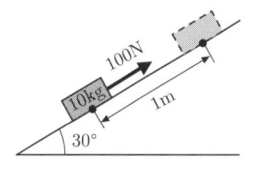

[解答] 引き上げる力のなす仕事 $W_力$: 引き上げる力と変位のなす角度は 0°であるので，

$$W_力 = 100 \times 1 \times \cos 0° = 100 \text{ [J]}.$$

斜面から働く垂直抗力のなす仕事: 物体の変位の向きと直交するので，仕事をしない．

重力のなす仕事 $W_{重力}$: 物体に働く重力と変位のなす角度は 120°であるので，

$$W_{重力} = 10 \times 9.8 \times 1 \times \cos 120° = -49 \text{ [J]}.$$

7.3 曲線に沿う仕事

物体に働く力が場所によって変化する場合や，物体の変位が曲線に沿って行われる場合に力がなす仕事を求めるには，時間を十分に細かく分割して，各微小な時間間隔では力が一定で，物体が直線に沿って運動するとみなせるようにすればよい．

図のように，物体が点 A から点 B まで曲線 C に沿って運動すると仮定し，曲線 C 上に点 $P_0 =A, P_1, P_2, \cdots, P_{n-1}, P_n =B$ をとる．P_{k-1} から P_k に向かう変位ベクトルを $\Delta \boldsymbol{r}_k$ で表し，この間に物体に働く力の平均を $\boldsymbol{F}_k$ とすると，物体が P_{k-1} から P_k まで変位する間に力がなす仕事は，$\boldsymbol{F}_k \cdot \Delta \boldsymbol{r}_k$ と近似される．この微小な仕事を A から B までの曲線全体にわたって和をとる．

$$\sum_{k=1}^{n} \boldsymbol{F}_k \cdot \Delta \boldsymbol{r}_k \tag{7.5}$$

曲線 C の分割を細かくした変位 $\Delta \boldsymbol{r}_k$ が 0 の極限では，仕事は C に沿って無限小の仕事

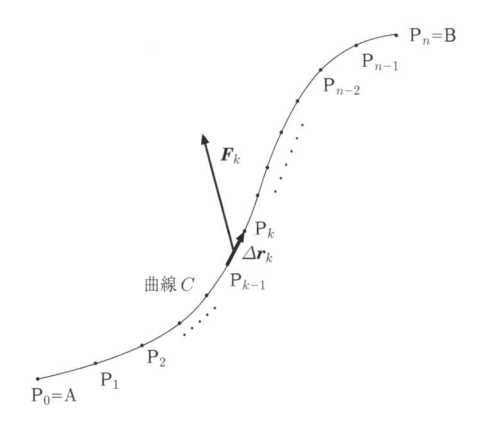

$F(r) \cdot dr$ を足し上げたものになり，次のように線積分として表される.

$$W = \int_C \boldsymbol{F}(\boldsymbol{r}) \cdot d\boldsymbol{r} \tag{7.6}$$

これを，曲線 C に沿って物体が運動するときに力 $\boldsymbol{F}$ のなす仕事と定義する.

曲線 C 上の任意の点が媒介変数 s を用いて，$\boldsymbol{r}(s) = (x(s), y(s), z(s))$ $(a \leq s \leq b)$ と表され，その点で物体に働く力が $\boldsymbol{F}(s)$ であるとき，仕事 W は，

$$\begin{aligned} W &= \int_a^b \boldsymbol{F}(s) \cdot \frac{d\boldsymbol{r}(s)}{ds} ds \\ &= \int_a^b \left(F_x(s) \frac{dx(s)}{ds} + F_y(s) \frac{dy(s)}{ds} + F_z(s) \frac{dz(s)}{ds} \right) ds \end{aligned} \tag{7.7}$$

と書き表すことができる．ただし，点 $\boldsymbol{r}(a), \boldsymbol{r}(b)$ は，それぞれ始点 A，終点 B を表す.

例題 7.2 xy-平面内を運動する物体がある．この物体が点 (x,y) にあるときに，力 $\boldsymbol{F} = (xy - x^2 + 1, 3x^2 - 2xy)$ が働くとする．原点 O と点 A $(1,0)$，点 B $(1,1)$ をこの順に直線で結ぶ経路を C_1，O と B を直線で結ぶ経路を C_2 とする．経路 C_1, C_2 に沿って物体を O から B まで移動させるとき，力 $\boldsymbol{F}$ のなす仕事を求めよ.

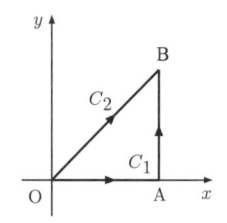

[解答] 経路 C_1 を線分 OA と AB に分けて考える．線分 OA 上の点の座標は，変数 s $(0 \leq s \leq 1)$ を用いて $x(s) = s, y(s) = 0$ と表される．また，力の x-成分は，$F_x(s) = x(s)y(s) - x(s)^2 + 1 = 1 - s^2$ であるので，線分 OA に沿う仕事 W_{OA} は，

$$W_{\text{OA}} = \int_0^1 \left(F_x(s) \frac{dx(s)}{ds} + F_y(s) \frac{dy(s)}{ds} \right) ds = \int_0^1 (1 - s^2) ds = \frac{2}{3}$$

また，線分 AB 上の点は，$x(s) = 1, y(s) = s$ $(0 \leq s \leq 1)$ と表され，力の y-成分は，$F_y(s) = 3x(s)^2 - 2x(s)y(s) = 3 - 2s$ であるので，線分 AB に沿う仕事 W_{AB} は，

$$W_{\text{AB}} = \int_0^1 \left(F_x(s) \frac{dx(s)}{ds} + F_y(s) \frac{dy(s)}{ds} \right) ds = \int_0^1 (3 - 2s) ds = 2$$

これより，経路 C_1 に沿う仕事 W_1 は，

$$W_1 = W_{\text{OA}} + W_{\text{AB}} = \frac{8}{3}$$

経路 C_2 上の点は，$x(s) = s, y(s) = s$ $(0 \leq s \leq 1)$ と表される．また，力の成分は，$F_x(s) = x(s)y(s) - x(s)^2 + 1 = 1, F_y(s) = 3x(s)^2 - 2x(s)y(s) = s^2$ である．これより，経路 C_2 に沿う仕事 W_2 は，

$$W_2 = \int_0^1 \left(F_x(s) \frac{dx(s)}{ds} + F_y(s) \frac{dy(s)}{ds} \right) ds = \int_0^1 (1 + s^2) ds = \frac{4}{3}$$

この例題でわかるように，一般に，力のなす仕事は経路に依存する.

7.4　1次元運動の仕事と運動エネルギー

力 F を受けて x-軸上を運動する質量 m の物体を考える.

このとき，物体の運動方程式は，

$$\left(m\frac{d^2x}{dt^2}=\right)\quad m\frac{dv}{dt}=F \tag{7.8}$$

である．この式の両辺に速度 v を掛けると，

$$mv\frac{dv}{dt}=Fv \tag{7.9}$$

となる．この右辺と左辺は，それぞれ次の関係

$$Fv=F\frac{dx}{dt},\qquad \frac{d}{dt}v^2=2v\frac{dv}{dt} \tag{7.10}$$

を用いて次のように変形できる．

$$F\frac{dx}{dt}=\frac{d}{dt}\left(\frac{1}{2}mv^2\right) \tag{7.11}$$

この式の両辺を時刻 t_1 から t_2 まで時間で積分する．時刻 t_1, t_2 における物体の速度を，それぞれ $v(t_1)=v_1,\ v(t_2)=v_2$ とすると，右辺の積分は，

$$\int_{t_1}^{t_2}\frac{d}{dt}\left(\frac{1}{2}mv^2\right)dt=\left[\frac{1}{2}mv(t)^2\right]_{t_1}^{t_2}=\frac{1}{2}mv_2^2-\frac{1}{2}mv_1^2 \tag{7.12}$$

となる．ここで，

$$\boxed{K=\frac{1}{2}mv^2} \tag{7.13}$$

を，物体の運動エネルギーと定義する．すなわち，運動エネルギーは，質量に比例し，速度の2乗に比例する (エネルギーはスカラー量であり，その単位には仕事と同じく J (ジュール) を用いる)．すると，(7.11) の右辺の積分は，

$$\int_{t_1}^{t_2}\frac{d}{dt}\left(\frac{1}{2}mv^2\right)dt=K_2-K_1=\Delta K \tag{7.14}$$

となり，物体の運動エネルギーの変化に等しいことがわかる．

次に，(7.11) の左辺の積分を考える．t_1, t_2 での物体の座標を $x(t_1)=x_1,\ x(t_2)=x_2$ とすると，

$$\int_{t_1}^{t_2}F\frac{dx}{dt}dt=\int_{x_1}^{x_2}F\,dx \tag{7.15}$$

と書き表すことができる．これは，物体が $x = x_1$ から $x = x_2$ まで変位する間に，力が物体に対してなす仕事 W に等しい．すなわち，

$$W = \int_{x_1}^{x_2} F \, dx \tag{7.16}$$

である．以上より，

$$\boxed{W = \Delta K} \tag{7.17}$$

を得る．したがって，以下のことがわかる．

> 力が物体に対してなす仕事は，物体の運動エネルギーの変化に等しい．

物体に対してなされた仕事は，失われないで運動エネルギーとして物体に移っていく．逆に，運動している物体がもつ運動エネルギーを，仕事の形で取り出すこともできる．この意味で，仕事と運動エネルギーは等価で，形を変えて保存される量であるということができる．これをエネルギー保存の法則またはエネルギー保存則という．

例題 7.3 滑らかな水平面上を速さ $3 \, \mathrm{m/s}$ で進んでいた質量 $2 \, \mathrm{kg}$ の物体に，大きさが $2 \, \mathrm{N}$ で向きが運動方向の力を，物体が $8 \, \mathrm{m}$ 移動する間じゅう加え続けた．このとき，物体の速さを求めよ．

[解答] 物体に加えた仕事は， $W = 2 \times 8 = 16 \, [\mathrm{J}]$
求める速さを v とすると，運動エネルギーの変化は，

$$\Delta K = \frac{1}{2} \cdot 2 \cdot (v^2 - 3^2) = v^2 - 9$$

エネルギー保存則より，この両者は等しい．すなわち，

$$v^2 - 9 = 16 \quad \therefore \quad v = 5 \, [\mathrm{m/s}].$$

7.5 空間運動の仕事と運動エネルギー

前節では，直線上を運動する物体について，運動エネルギーの変化と仕事の関係を考えた．ここでは，空間内を運動する物体に対して，仕事と運動エネルギーの関係について考えよう．
いま，質量 m の物体が時刻 $t = t_1$ から $t = t_2$ までに曲線 C に沿って点 A から点 B まで運動する．この間に物体に働く力を $\boldsymbol{F}$ とすると，物体は運動方程式

$$m \frac{d\boldsymbol{v}}{dt} = \boldsymbol{F} \tag{7.18}$$

に従って運動する．この式の両辺に対し，それぞれ速度 $\boldsymbol{v}$ との内積をとると，

$$m \boldsymbol{v} \cdot \frac{d\boldsymbol{v}}{dt} = \boldsymbol{F} \cdot \boldsymbol{v} = \boldsymbol{F} \cdot \frac{d\boldsymbol{r}}{dt} \tag{7.19}$$

7.5 空間運動の仕事と運動エネルギー

を得る．ここで，

$$\frac{d}{dt}v^2 = \frac{d}{dt}(v_x^2 + v_y^2 + v_z^2) = 2v_x\frac{d}{dt}v_x + 2v_y\frac{d}{dt}v_y + 2v_z\frac{d}{dt}v_z$$
$$= 2(v_x, v_y, v_z)\cdot\left(\frac{d}{dt}v_x, \frac{d}{dt}v_y, \frac{d}{dt}v_z\right)$$
$$= 2\boldsymbol{v}\cdot\frac{d}{dt}\boldsymbol{v} \tag{7.20}$$

に注意すると，上式は

$$\frac{d}{dt}\left(\frac{1}{2}mv^2\right) = \boldsymbol{F}\cdot\frac{d\boldsymbol{r}}{dt} \tag{7.21}$$

と書くことができる．左辺は運動エネルギーの時間微分であるので，時刻 t_1 から t_2 まで積分するとその間の運動エネルギーの変化

$$\int_{t_1}^{t_2}\frac{d}{dt}\left(\frac{1}{2}mv^2\right)dt = \left[\frac{1}{2}mv^2\right]_{t_1}^{t_2} = \frac{1}{2}mv_2^2 - \frac{1}{2}mv_1^2$$
$$= K_2 - K_1 \tag{7.22}$$

が得られる．ここで，v_1, v_2 はそれぞれ，時刻 t_1, t_2 における速さである．これに対して，右辺の積分

$$W = \int_{t_1}^{t_2}\boldsymbol{F}\cdot\frac{d\boldsymbol{r}}{dt}dt = \int_C \boldsymbol{F}\cdot d\boldsymbol{r} \tag{7.23}$$

は，曲線 C に沿って物体が運動するときに力がなす仕事に他ならない．以上のことから，

$$K_2 - K_1 = W \tag{7.24}$$

となる．すなわち，1 次元運動と同様に，物体に働く力のなす仕事は物体に生じる運動エネルギーの変化に等しい．物体に複数の力が働くときには，W はそれぞれの力が物体になす仕事の和を用いて

$$W = \int_C \boldsymbol{F}\cdot d\boldsymbol{r} = \int_C (\boldsymbol{F}_1 + \boldsymbol{F}_2 + \boldsymbol{F}_3 + \cdots)\cdot d\boldsymbol{r}$$
$$= W_1 + W_2 + W_3 + \cdots \tag{7.25}$$

と表される．

例題 7.4 図のように，水平面となす角 30°の滑らかな斜面を上る質量 2 kg の物体がある．ある瞬間に，この物体に斜面に沿って 12 N の一定の力 F を加え，斜面に沿って 5 m 引き上げたとする．力を加え始めた瞬間のこの物体の速度を 3 m/s として，以下の問いに答えよ．

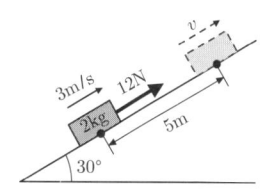

(1) この間に力 F がなす仕事を求めよ．
(2) この間に重力がなす仕事を求めよ．
(3) 引き上げ終了直後の物体の速さを求めよ．

[解答] (1) 力 F と物体の変位は同方向になるので, $W_F = 12 \times 5 = 60$ [J].

(2) 重力と変位のなす角は120°なので, $W_{mg} = 2 \times 9.8 \times 5 \times \cos 120° = -49$ [J].

(3) 物体にはこの他に垂直抗力が働くが, 仕事をしない. したがって, 求める速さを v とすると,

$$\frac{1}{2} \times 2 \times (v^2 - 3^2) = 60 - 49 = 11 \quad \therefore \quad v = 2\sqrt{5} \text{ [m/s]}.$$

練習問題 7

7.1 微小時間 Δt の間, 物体に一定の大きさの力 F を加え続け, 力の向きに Δx 動かした. この間の物体の速さを v として, 仕事率を求めよ.

7.2 バネ定数 k の軽くて丈夫なバネがある. 図のように, バネの一端を固定し, 他端を手で引っ張って自然長から a だけ伸びた状態にする. この間にバネが手に対してなす仕事を求めよ.

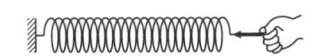

7.3 図のように, 水平面となす角 θ の斜面上に質量 m の物体がある. この物体に斜面に沿って上向きに F の力を作用させたところ, 物体は斜面を x 移動した. このとき, 以下の問いに答えよ. ただし, 斜面と物体の動摩擦係数を μ' とする.

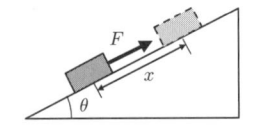

(1) 力が物体になす仕事を求めよ.
(2) 摩擦力が物体になす仕事を求めよ.
(3) 重力が物体になす仕事を求めよ.
(4) 垂直抗力が物体になす仕事を求めよ.

7.4 摩擦のある平面上で, 質量 m の物体に初速度 v_0 を与えたところ, l だけ進んで静止した. 仕事とエネルギーの関係を用いて, 物体と平面の間の動摩擦係数を求めよ.

7.5 グラフは, x-軸上を運動する質量 5 kg の質点の加速度を位置の関数として示している. 質点が $x = 0 \sim 6$ [m] まで移動する間に, 加速度を生じさせている力が質点になす仕事を求めよ.

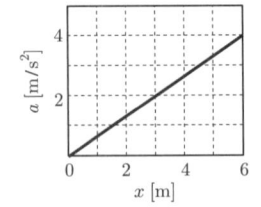

7.6 グラフは, 一直線上を運動している質量 0.5 kg の物体の位置と働く力の関係を示している. $t = 0$ [s] のとき, 物体は原点に静止しているとして, 次の問いに答えよ.

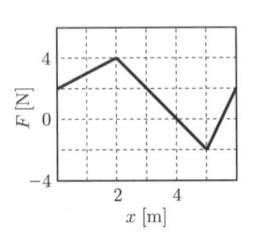

(1) 運動エネルギーが最大の位置はどこか.
(2) $x = 6$ [m] のときの物体の速さを求めよ.

7.7 図のように，水平面となす角 $30°$ の滑らかな斜面を質量 $2\,\mathrm{kg}$ の物体が初速度 $v_0\,[\mathrm{m/s}]$ で上り始めたところ，最高で点 A から斜面に沿って $9.8\,\mathrm{m}$ 離れた点 B まで上がり，下り始めた．このとき，以下の問いに答えよ．ただし，重力加速度を $9.8\,\mathrm{m/s^2}$ とする．

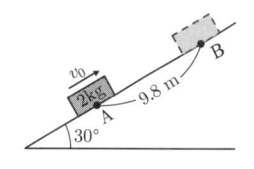

(1) A から B まで上る間に，重力が物体になす仕事を求めよ．

(2) A から B まで上る間に，垂直抗力が物体になす仕事を求めよ．

(3) v_0 の大きさを求めよ．

(4) B から A まで下る間に，重力が物体になす仕事を求めよ．

(5) A に戻ってきたときの速さを求めよ．

(6) 同じように初速度 v_0 で上り始めた物体に，今度は A から B まで上る間に，斜面に沿って上向きに $5\,\mathrm{N}$ の一定の力を加え続ける．このとき，B に達したときの速さを求めよ．

8

保存力とポテンシャルエネルギー

学習目標: 保存力, ポテンシャルについて, その関係を理解し求めることができる.

8.1 保 存 力

7.3 節で学んだように, 物体を点 A から点 B まで経路 C に沿って移動させる間に物体に働く力 $\boldsymbol{F}$ のなす仕事 W は, 次の線積分により与えられる.

$$W = \int_C \boldsymbol{F} \cdot d\boldsymbol{r} \tag{8.1}$$

一般に, 仕事 W は物体を移動させる経路 C に依存する. しかし, 位置によって決まる力の場合, W が始点 A と終点 B のみに依存し, 途中の経路 C の取り方に依存しないことがある. そのような力を保存力と呼ぶ. 保存力の場合, 右図に描かれた 3 つの経路に沿った仕事はすべて等しい. すなわち, 次の関係がある.

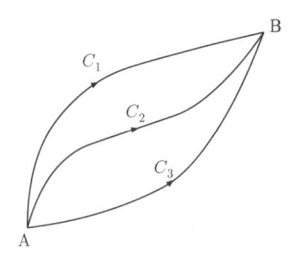

$$W = \int_{C_1} \boldsymbol{F}(\boldsymbol{r}) \cdot d\boldsymbol{r} = \int_{C_2} \boldsymbol{F}(\boldsymbol{r}) \cdot d\boldsymbol{r} = \int_{C_3} \boldsymbol{F}(\boldsymbol{r}) \cdot d\boldsymbol{r} \tag{8.2}$$

保存力には重力やバネの弾性力などがある.

例題 8.1　重力が保存力であることを示せ.

[解答]　質量 m の質点が鉛直下向きの一様な重力の中を移動しているとき, 物体を点 A から点 B まで移動する間に重力のなす仕事は,

$$W = -mg \int_C dz = -mg(z_B - z_A)$$

と表される．ただし，鉛直上向きを z-軸の正方向にとり，始点と終点の位置座標の z-成分をそれぞれ z_A, z_B とする．このように，重力のなす仕事は，始点と終点の z-成分の差 (高低差) のみに依存し，物体を移動する具体的な経路 C には無関係である．よって，重力は保存力である．

例題 8.2 保存力を受けて運動している物体が，ある位置から出発してもとに戻る場合を考える．この場合，物体はどの経路を通ってもとに戻っても，移動の間に保存力がなす仕事は 0 になることを示せ．

[解答] 例えば，前頁の図のように，点 A より出発して経路 C_1 を通り点 B を経由し，同じ経路 C_1 でもとに戻ったとする．このときの仕事は，

$$W = W_{A \to B} + W_{B \to A}$$

となる．物体が復路を移動しているとき，往路のときと比べ，働く力は位置によって決まるので全く同じであるが，変位が逆である．したがって，

$$W_{B \to A} = \int_{C_1} \boldsymbol{F} \cdot (-d\boldsymbol{r}) = -W_{A \to B}$$

$$\therefore \ W = 0$$

ここでは，経路を C_1 に限定したが，先に学習したように，保存力のなす仕事は経路によらないから，例えば，往路が C_2，復路が C_3 の場合でも常に

$$W_{B \to A} = -W_{A \to B}$$

は成り立つ．したがって，保存力によって物体が運動しているときには，どの経路を通ってもとに戻っても，その移動の間に保存力がなす仕事は 0 になる．

8.2 ポテンシャルエネルギー

保存力のなす仕事は，運動の始点 (点 A) と終点 (点 B) のみに依存するので，経路を特に指定しない形に書くことができる．

$$W = \int_A^B \boldsymbol{F} \cdot d\boldsymbol{r} \tag{8.3}$$

始点を固定すれば仕事 W は終点の位置座標の関数である．逆に，終点を固定すれば W は始点の位置座標の関数となる．そこで，適当な基準点 P_0 を選び，物体を点 P から P_0 まで移動する間に保存力 $\boldsymbol{F}$ のなす仕事を点 P の位置座標 $\boldsymbol{r} = (x, y, z)$ の関数として $U = U(\boldsymbol{r})$ で表す．すなわち，

$$\boxed{U(\boldsymbol{r}) = \int_P^{P_0} \boldsymbol{F} \cdot d\boldsymbol{r} = -\int_{P_0}^P \boldsymbol{F} \cdot d\boldsymbol{r}} \tag{8.4}$$

8.3 具体的なポテンシャルエネルギーの例

と定義する．これを保存力 $\boldsymbol{F}$ のポテンシャルエネルギー，または単にポテンシャルと呼ぶ．基準点ではポテンシャルは 0 であるとする．

物体が点 A から点 B まで移動する間に保存力がなす仕事 W_{AB} を，次のようにポテンシャルを用いて表すことができる．

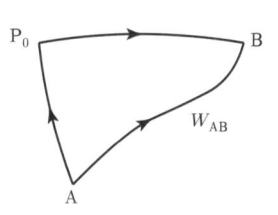

$$\begin{aligned}
W_{\mathrm{AB}} &= \int_{\mathrm{A}}^{\mathrm{B}} \boldsymbol{F} \cdot d\boldsymbol{r} \\
&= \int_{\mathrm{A}}^{\mathrm{P_0}} \boldsymbol{F} \cdot d\boldsymbol{r} + \int_{\mathrm{P_0}}^{\mathrm{B}} \boldsymbol{F} \cdot d\boldsymbol{r} \\
&= U(\boldsymbol{r}_{\mathrm{A}}) - U(\boldsymbol{r}_{\mathrm{B}}) = -\Delta U
\end{aligned} \tag{8.5}$$

保存力がなす仕事は，始点と終点の位置座標によって決まるポテンシャルエネルギーの変化量に "−" をつけたものに等しい．

8.3 具体的なポテンシャルエネルギーの例

8.3.1 重力ポテンシャルエネルギー (位置エネルギー)

質量 m の質点の自由落下を例にとって考える．このとき，鉛直下向きを x-軸の正方向にとる．質点が位置 x_i から x_f に落下したとき，重力がなす仕事は，

$$W = \int_{x_i}^{x_f} mg\, dx = mg(x_f - x_i) \tag{8.6}$$

したがって，この落下前後のポテンシャルの変化量 ΔU は，

$$\Delta U = -W = -mg(x_f - x_i) = -mgh \tag{8.7}$$

と表される．ここで，高低差を $h = x_f - x_i$ とした．

ここで，あるポテンシャルの基準点 $\mathrm{P_0}$ を定め，始点位置のポテンシャルを U_i とする．すると終点でのポテンシャル U は，

$$U = U_i - mgh \quad \text{ただし，} \quad U_i = \int_{x_i}^{\mathrm{P_0}} mg\, dx \tag{8.8}$$

と表せる．この式はポテンシャルそのものが基準点の取り方によって変わることを示している．したがって，実際にポテンシャルを求める場合には，基準点を明確に定めなければならない．例えば，基準点を始点に選べば，終点のポテンシャルは，

$$U = -mgh \tag{8.9}$$

と表すことができる．

8.3.2 弾性ポテンシャルエネルギー (弾性エネルギー)

バネ定数 k のバネの一端に物体をつけ, 水平な摩擦のない床の上に置き, 他端を固定する. このとき, バネが伸びる向きに x-軸の正方向をとる. 物体が位置 x_i から x に移動したとき, バネの弾性力のなす仕事は,

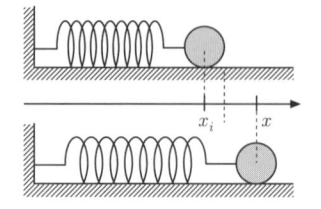

$$W = \int_{x_i}^{x} (-kx)\, dx = -\frac{1}{2}k(x^2 - x_i^2) \qquad (8.10)$$

と書ける. したがって, この移動前後のポテンシャルの差 ΔU は,

$$\boxed{\Delta U = -W = \frac{1}{2}k(x^2 - x_i^2)} \qquad (8.11)$$

バネが自然長の状態にあるときを基準点, かつ始点にとると, 弾性エネルギーは,

$$\boxed{U = \frac{1}{2}kx^2} \qquad (8.12)$$

と表すことができる.

例題 8.3 図のような凸凹な斜面上を点Aから点Bまで質量 m の物体が滑走した. このとき, 重力がなす仕事を求めよ. ただし, 点Aから点Bまでの水平距離を l, 垂直距離を h とする.

[解答] 位置エネルギーは, 高低差だけで決まり経路にはよらないので, 重力のなす仕事は,

$$W = -\Delta U = -(-mgh) = mgh.$$

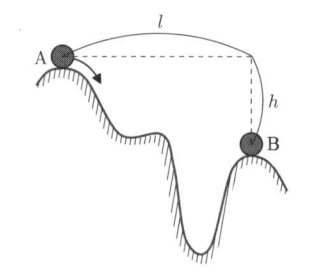

8.4 保存力とポテンシャル (1次元)

ポテンシャル $U(x)$ を x で微分する.

$$\frac{dU(x)}{dx} = -\frac{d}{dx}\int_{x_0}^{x} F(x')\, dx' = -F(x) \qquad (8.13)$$

これより

$$F(x) = -\frac{dU(x)}{dx} \qquad (8.14)$$

を得る. これは, 力がポテンシャルの負の勾配に等しく, ポテンシャルの値が減少する方向に働くことを表している.

ポテンシャルと力の関係は, ポテンシャルのグラフから次図のように視覚的に理解することができる. いま, 縦軸にポテンシャル U を描き, 点 x においてどちら向きに力が働くかを考える. 力はポテンシャルが減少する方向に働くので, ポテンシャルが増加している点で

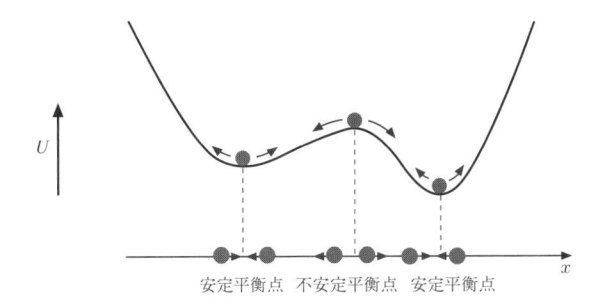

8.4 保存力とポテンシャル (1 次元)

は x-軸の負方向に,減少している点では x-軸の正方向に働く.このように,物体に働く力の方向は,ポテンシャルのグラフの形をした斜面を考えて,斜面の上に物体を静かに置いたときに物体が転がり始める方向と一致する.

安定平衡点,不安定平衡点

物体に働く力が 0 となる点では,物体が静止した状態を保つことができるので平衡点と呼ばれる.上図には,3 個の平衡点が描かれている.ポテンシャルが極大になる平衡点のまわりでは,物体が平衡点から少しでも外れると力が平衡点から離れる向きに働くため,ますます平衡点から離れていく.このような平衡点は**不安定平衡点**と呼ばれる.これに対して,ポテンシャルが極小となる点のまわりでは,力が平衡点に向かって働くので平衡点から少し外れても物体は平衡点に押し戻される.このような平衡点は**安定平衡点**と呼ばれる.

例題 8.4 ポテンシャル
$$U = \lambda(a^2 - x^2)^2 \quad (\lambda \text{ は正の定数})$$
の中を運動する物体の平衡点を求め,安定か不安定か調べよ.

[解答] 平衡点はポテンシャルが極値となる点であるので,
$$\frac{dU}{dx} = -4\lambda x(a^2 - x^2) = 0$$
より $x = 0, \pm a$ が平衡点となる.それぞれの点でポテンシャルの 2 次微分
$$\frac{d^2U}{dx^2} = -4\lambda(a^2 - 3x^2)$$
の符号を調べると, 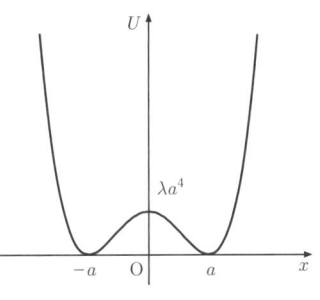
$$x = 0 \text{ で} \quad \frac{d^2U}{dx^2} = -4\lambda a^2 < 0,$$
$$x = \pm a \text{ で} \quad \frac{d^2U}{dx^2} = 8\lambda a^2 > 0$$
である.これから,ポテンシャルは $x = 0$ で極大,$x = \pm a$ で極小となる.したがって,ポテンシャルが極大となる $x = 0$ は不安定平衡点,極小となる $x = \pm a$ は安定平衡点であることがわかる.このことは,ポテンシャルのグラフを描いてもわかる.

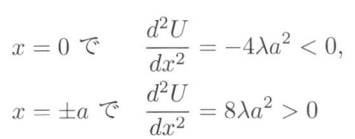

8.5 保存力とポテンシャル (3次元)

保存力 $\boldsymbol{F}$ のポテンシャルを $U(\boldsymbol{r})$ とすると，物体を点 $\boldsymbol{r}$ から任意の無限小のベクトル $\Delta \boldsymbol{r} = (\Delta x, \Delta y, \Delta z)$ だけ変位させるときに力 $\boldsymbol{F}$ がなす仕事 $\boldsymbol{F} \cdot \Delta \boldsymbol{r}$ は，ポテンシャルを用いて

$$\boldsymbol{F} \cdot \Delta \boldsymbol{r} = -\{U(\boldsymbol{r}+\Delta \boldsymbol{r}) - U(\boldsymbol{r})\} \tag{8.15}$$

と書くことができる．この式は各 x, y, z-成分を用いて

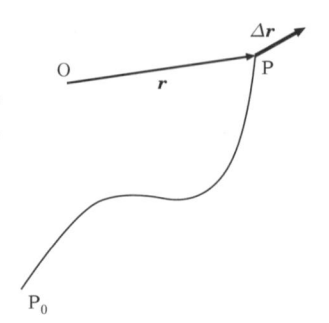

$$F_x \Delta x + F_y \Delta y + F_z \Delta z = -\{U(x+\Delta x, y+\Delta y, z+\Delta z) - U(x,y,z)\} \tag{8.16}$$

と表される．ここで，無限小変位を $\Delta \boldsymbol{r} = (\Delta x, 0, 0)$ とし，次のように変形する．

$$F_x = -\lim_{\Delta x \to 0} \frac{U(x+\Delta x, y, z) - U(x,y,z)}{\Delta x} \tag{8.17}$$

右辺の極限記号は，Δx が無限小であることを明確にするために書いた．この式の右辺は，変数 y, z を固定して U を x の関数とみなしたときの x についての微分である．そのような微分は数学で偏微分と呼ばれ，$\dfrac{\partial U}{\partial x}$ と表される．すなわち，

$$\frac{\partial U}{\partial x} = \lim_{\Delta x \to 0} \frac{U(x+\Delta x, y, z) - U(x,y,z)}{\Delta x} \tag{8.18}$$

と定義される．偏微分の記号 ∂ は，ラウンド，デル，パーシャルなどと読む．U の y による偏微分，z による偏微分も同様に定義される．以上のことから，保存力はポテンシャル U の偏微分を用いて

$$\boxed{F_x = -\frac{\partial U}{\partial x}, \quad F_y = -\frac{\partial U}{\partial y}, \quad F_z = -\frac{\partial U}{\partial z}} \tag{8.19}$$

と書くことができる．

力は成分をもつベクトルであるのに対し，ポテンシャルはスカラーであることに注意しよう．力とポテンシャルの関係は，微分演算子を成分にもつベクトル

$$\boldsymbol{\nabla} = \boldsymbol{i}\frac{\partial}{\partial x} + \boldsymbol{j}\frac{\partial}{\partial y} + \boldsymbol{k}\frac{\partial}{\partial z} \tag{8.20}$$

を導入すると

$$\boldsymbol{F} = -\left(\boldsymbol{i}\frac{\partial U}{\partial x} + \boldsymbol{j}\frac{\partial U}{\partial y} + \boldsymbol{k}\frac{\partial U}{\partial z}\right) = -\boldsymbol{\nabla} U \tag{8.21}$$

と書き表すことができる．$\boldsymbol{\nabla}$ は勾配演算子と呼ばれ，ナブラ，デル，グラディエントなどと読む．

F_x, F_y をそれぞれ y, x で偏微分してみよう．すると，

$$\frac{\partial F_x}{\partial y} = -\frac{\partial^2 U}{\partial x \partial y}, \quad \frac{\partial F_y}{\partial x} = -\frac{\partial^2 U}{\partial y \partial x} \tag{8.22}$$

一般に，$U(\boldsymbol{r})$ が滑らかな関数であれば，
$$\frac{\partial^2 U}{\partial x \partial y} = \frac{\partial^2 U}{\partial y \partial x} \tag{8.23}$$
が成り立つので，
$$\frac{\partial F_x}{\partial y} = \frac{\partial F_y}{\partial x} \tag{8.24}$$
となる．同様に，
$$\frac{\partial F_y}{\partial z} = \frac{\partial F_z}{\partial y} \tag{8.25}$$

$$\frac{\partial F_z}{\partial x} = \frac{\partial F_x}{\partial z} \tag{8.26}$$

である．以上の (8.24), (8.25), (8.26) が保存力に対して成り立つ微分形の関係式である．

練習問題 8

8.1 質量 0.2 kg の物体を静かに 10 m 引き上げた．このときの仕事を求めよ．また，重力がなす仕事を求めよ．さらに，このときの物体の位置エネルギーの変化量を求めよ．ただし，重力加速度を 9.8 m/s² とする．

8.2 質量 2 kg の物体がバネ定数 4 N/m のバネにつながれている．この物体をバネの自然長からバネが縮む方向に 0.5 m 移動させた．このとき，この力が物体になす仕事を求めよ．また，物体に蓄えられた弾性エネルギーを求めよ．

8.3 点 P(x,y) における保存力が $\boldsymbol{F} = -kx\boldsymbol{i} - ky\boldsymbol{j}$ で与えられている．このとき，原点 (0, 0) を基準にして，点 P のポテンシャルを求めよ．ただし，$\boldsymbol{i}, \boldsymbol{j}$ を x, y-軸方向の単位ベクトルとし，k を定数とする．

8.4 一直線上を運動する質量 m の物体に働く力のポテンシャルが $U(x) = -\alpha \cos x$（α は定数）により与えられるとき，物体の運動方程式を求めよ．

8.5 1 次元運動をする物体に働く力 $F(x)$ が位置 x を用いて
$$F(x) = -\frac{kx}{|x|} \quad (k \text{ は定数})$$
で与えられる．この力の x に対するポテンシャルを求めよ．ただし，ポテンシャルの基準点を原点とする．

8.6 ポテンシャルが
$$U = \frac{1}{2}\alpha z(x^2 + y^2) \quad (\alpha \text{ は定数})$$
により与えられるとき，力の各成分を求めよ．

8.7 xy-平面内を自由に運動できる質点がある．この質点が点 (x, y) にあるとき，力 $\boldsymbol{F} = (x^2 y^2, \ x^2 y^2)$ [N] が働くとする．図のように，質点が OAB, OCB, OB の 3 つの異なる経路に沿って点 O から点 B まで動くとき，力 $\boldsymbol{F}$ によってなされる仕事をそれぞれの経路について求めよ．ただし，四角形 OABC は 1 辺が a [m] の正方形とする．

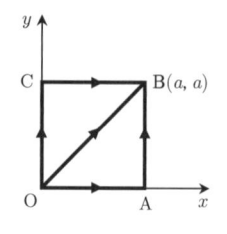

8.8 前問の力が保存力であるかどうか，保存力に対する微分形の関係式を用いて確かめよ．

9
力学的エネルギー保存則

学習目標: 力学的エネルギーの保存則を用いて運動を解析することができる.

9.1 力学的エネルギー保存則

物体が保存力のみの作用で運動する場合に,物体の力学的エネルギーが保存されることを示そう.いま,質量 m の物体が保存力 $\boldsymbol{F}$ の作用で,曲線 C に沿って運動する場合を考える.時刻 t_1, t_2 での物体の位置ベクトルをそれぞれ $\boldsymbol{r}_1, \boldsymbol{r}_2$ で表す.途中の時刻 t において,物体は運動方程式

$$m\frac{d\boldsymbol{v}}{dt} = \boldsymbol{F} \tag{9.1}$$

に従って運動する.ここで,$\boldsymbol{v}$ は物体の速度である.この式の両辺と速度との内積をとり,

$$m\frac{d\boldsymbol{v}}{dt} \cdot \boldsymbol{v} = \boldsymbol{F} \cdot \boldsymbol{v} = \boldsymbol{F} \cdot \frac{d\boldsymbol{r}}{dt} \tag{9.2}$$

を得る.ところで,$v^2 = \boldsymbol{v} \cdot \boldsymbol{v}$ に注意すると次の関係式が得られる.

$$\frac{d}{dt}v^2 = 2\frac{d\boldsymbol{v}}{dt} \cdot \boldsymbol{v} \tag{9.3}$$

この式を用いると (9.2) の左辺は,

$$m\frac{d\boldsymbol{v}}{dt} \cdot \boldsymbol{v} = \frac{d}{dt}\left(\frac{1}{2}mv^2\right) \tag{9.4}$$

と書くことができる.これより,(9.2) は

$$\frac{d}{dt}\left(\frac{1}{2}mv^2\right) = \boldsymbol{F} \cdot \frac{d\boldsymbol{r}}{dt} \tag{9.5}$$

と変形される.この式の両辺を時刻 $t = t_1$ から $t = t_2$ まで積分する.

$$\int_{t_1}^{t_2} \frac{d}{dt}\left(\frac{1}{2}mv^2\right) dt = \int_{t_1}^{t_2} \boldsymbol{F} \cdot \frac{d\boldsymbol{r}}{dt} dt \tag{9.6}$$

左辺は，運動エネルギーを時間で微分したものを積分するので，運動エネルギーの変化に等しい．すなわち，

$$\int_{t_1}^{t_2} \frac{d}{dt}\left(\frac{1}{2}mv^2\right) dt = \left[\frac{1}{2}mv(t)^2\right]_{t_1}^{t_2} = \frac{1}{2}mv_2^2 - \frac{1}{2}mv_1^2 \tag{9.7}$$

となる．ただし，v_1, v_2 は，それぞれ時刻 t_1, t_2 における物体の速さである．他方，(9.6) の右辺は，時間を媒介変数として物体を曲線 C に沿って位置 $\boldsymbol{r}_1$ から $\boldsymbol{r}_2$ まで移動するときに力がなす仕事に等しい．物体に働く力は保存力であると仮定しているので，これはポテンシャルを用いて

$$\int_{t_1}^{t_2} \boldsymbol{F} \cdot \frac{d\boldsymbol{r}}{dt} dt = \int_{\boldsymbol{r}_1}^{\boldsymbol{r}_2} \boldsymbol{F} \cdot d\boldsymbol{r} = -\{U(\boldsymbol{r}_2) - U(\boldsymbol{r}_1)\} \tag{9.8}$$

と書くことができる．これらを (9.6) に代入すると

$$\frac{1}{2}mv_1^2 + U(\boldsymbol{r}_1) = \frac{1}{2}mv_2^2 + U(\boldsymbol{r}_2) \tag{9.9}$$

が得られる．ここで，t_1, t_2 は任意の時刻なので，(9.9) は運動エネルギーとポテンシャルエネルギーの和が時間によらず一定であることを表している．この運動エネルギーとポテンシャルエネルギーの和を**力学的エネルギー**と呼ぶ．

力学的エネルギー保存則: 保存力の作用を受けて運動する物体の力学的エネルギーは保存される．

$$E = \frac{1}{2}mv^2 + U(\boldsymbol{r}) = 一定 \tag{9.10}$$

例題 9.1 図のように，地表から初速度 v_0 [m/s]，仰角 (水平とのなす角) θ で質量 m [kg] のボールを投げ上げた．このボールの力学的エネルギーが時刻によらず一定になることを証明せよ．

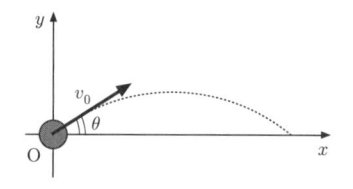

[解答] ボールを投げ上げた時刻を $t = 0$ とし，このとき物体は原点にあったとする．ボールの運動方程式は，

$$m\frac{d^2x}{dt^2} = 0, \qquad m\frac{d^2y}{dt^2} = -mg$$

と表される．これを初期条件に注意して解くと，

$$v_x = v_0 \cos\theta, \qquad v_y = -gt + v_0 \sin\theta$$

$$x = v_0 \cos\theta \cdot t, \qquad y = -\frac{1}{2}gt^2 + v_0 \sin\theta \cdot t$$

となる．したがって，ある時刻 t のボールの運動エネルギーは，

$$K = \frac{1}{2}mv^2 = \frac{1}{2}m(v_x^2 + v_y^2)$$
$$= \frac{1}{2}m\{v_0^2 \cos^2\theta + (-gt + v_0 \sin\theta)^2\}$$

$$= \frac{1}{2}m\left\{v_0^2(\cos^2\theta + \sin^2\theta) - 2g\left(-\frac{1}{2}gt^2 + v_0\sin\theta \cdot t\right)\right\}$$
$$= \frac{1}{2}mv_0^2 - mgy$$

と求められる．また，位置エネルギーの基準を $y=0$ にとると，ある時刻のボールの位置エネルギーは，

$$U = mgy$$

と求められる．したがって，ある時刻 t のボールの力学的エネルギーは，

$$E = K + U = \frac{1}{2}mv_0^2$$

と求められる．これは力学的エネルギーが初速度のみに依存し，時刻 t によらず一定であることを意味する．

例題 9.2 地表から初速度 v_0 [m/s] で質量 m [kg] のボールを真上に投げ上げた．力学的エネルギー保存則を用いて，最高点の高さを求めよ．

[解答] ボールを投げ上げた時刻を $t=0$ とし，時刻 t のとき，ボールの高さを h，速度を v とすると，このときのボールの力学的エネルギー $E(t)$ は，

$$E(t) = \frac{1}{2}mv^2 + mgh$$

となる．ただし，位置エネルギーの基準を地表にとった．力学的エネルギー保存則より，$E(t) = E(0)$ なので，

$$\frac{1}{2}mv^2 + mgh = \frac{1}{2}mv_0^2$$

の関係がある．最高点ではボールの速度は 0 になるので，これを上式に代入すると，

$$mgh_{\max} = \frac{1}{2}mv_0^2 \qquad \therefore \ h_{\max} = \frac{v_0^2}{2g}.$$

9.2 力学的エネルギーを用いた運動の解析

ここでは簡単のために 1 次元運動を考える．ポテンシャル $U(x)$ を与える力の作用を受けて x-軸上を運動する質量 m の質点の力学的エネルギー E は，

$$\frac{1}{2}mv^2 + U(x) = E \tag{9.11}$$

と表される．他に物体に働く力はなく，力学的エネルギーは保存されるとする．運動エネルギーは負になることはないので，質点は

$$\frac{1}{2}mv^2 = E - U(x) \geq 0 \tag{9.12}$$

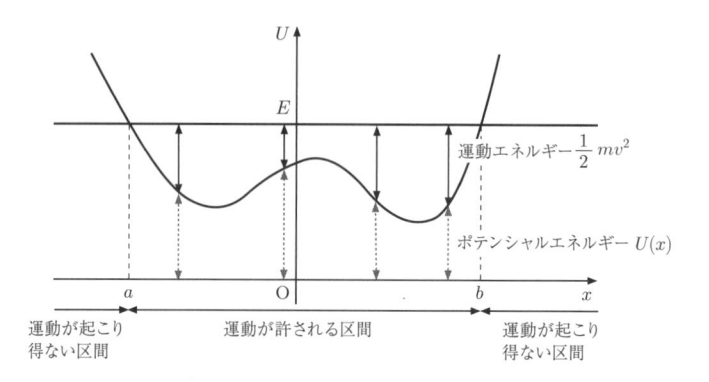

を満たす範囲で運動が可能となる．これは，図のように，質点の位置座標 x の関数としてポテンシャルのグラフを描くと，ポテンシャルが直線 $U = E$ より下に突き出ている部分に対応する．

上図の場合，$a \leq x \leq b$ の区間で質点の運動が可能となる．この区間内での質点の運動を調べるために，質点がある時刻に点 $x = a$ にあるとする．

A. 点 $x = a$ にある質点の運動エネルギーは 0 なので質点の速度は 0 である．しかし，この点では質点に x-軸の正方向に力が働くため，右方向に運動を始める．

B. $a < x < b$ では，力が正負の方向に働くが，運動エネルギーが 0 になることはない．いったん右向きに運動を始めた質点は，再び速度が 0 となる点 $x = b$ まで運動を続ける．

C. $x = b$ に達した質点の速度は 0 で，力が x-軸の負方向に作用する．そのため，質点は $x = b$ で運動の向きを転じ，x-軸の負方向に運動を始める．この運動は，速度が 0 となる点 $x = a$ まで続く．

D. $x = a$ に戻った物体は，そこで再びはね返されて $x = b$ に向かって運動を始める．

以下，A → B → C → D → A → B → ⋯ と，この周期運動を永久に繰り返す．質点の運動が有限の区間に限られる運動は**束縛運動**と呼ばれる．質点の運動が反転する点 $x = a$, $x = b$ は**回帰点**と呼ばれる．

これに対して次図に描かれたポテンシャルでは，右側から原点に向かって運動する質点

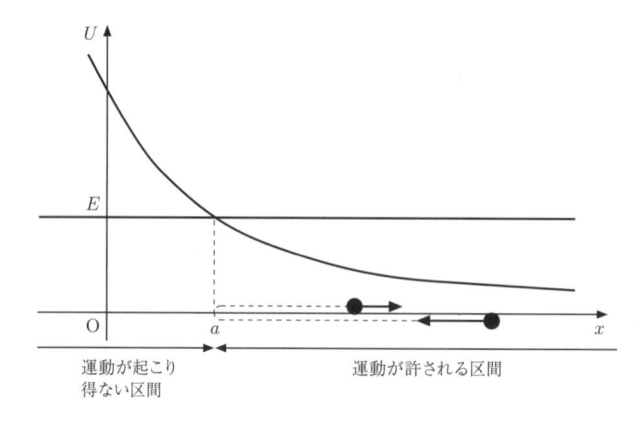

は，回帰点 $x=a$ ではね返されて x-軸の正方向に飛び去って行く．この場合，質点の運動が起きる区間は有限でなく，非束縛運動である．

例題 9.3 質量 1 kg の物体に働く力のポテンシャルが $U(x) = 4x + \frac{1}{2}x^2$ [J] により与えられる系を考える．原点 $x=0$ での物体の速度が 0 m/s であるとき，物体はどのような運動を行うか調べよ．

[解答] 運動エネルギーを K，力学的エネルギーを E とおくと，

$$E = K + U = K + 4x + \frac{1}{2}x^2$$

となる．物体が原点にあるときの力学的エネルギー E_0 は，

$$E_0 = \frac{1}{2} \times 1 \times 0 + \left(4 \times 0 + \frac{1}{2}0^2\right) = 0$$

となる．したがって，力学的エネルギー保存則より，

$$K + 4x + \frac{1}{2}x^2 = 0 \quad \therefore \quad K = -4x - \frac{1}{2}x^2 = -\frac{1}{2}x(8+x)$$

が得られる．運動エネルギーは常に正であるので，$K \geq 0$ を解くと，

$$-8 \leq x \leq 0$$

となる．したがって，物体は区間 $-8 \leq x \leq 0$ で周期運動を行う．

9.3 非保存力と力学的エネルギー

すでに学んだように，物体が外力を受けて運動しているとき，外力が物体になす仕事は運動エネルギーの変化に等しい．すなわち，

$$W = \int_C \boldsymbol{F} \cdot d\boldsymbol{r} = \Delta K \tag{9.13}$$

の関係がある．ここで，$\boldsymbol{F}$ が保存力である場合には，ポテンシャルを定義することができ，保存力のなす仕事はポテンシャルエネルギーの変化に"−"符号をつけたものに等しい．すなわち，

$$W = -\Delta U \tag{9.14}$$

の関係がある．以上の結果より，

$$\Delta K = -\Delta U \quad \therefore \quad K + U = (一定) \tag{9.15}$$

が導かれる．すなわち，物体に保存力だけが作用しているときには，力学的エネルギー保存則が成り立つ．

しかし，運動している物体に作用する力は保存力に限らない．例えば，摩擦力のように仕

事が経路に依存する非保存力が作用することもある．そこで，ある物体が保存力 $\bm{F}_{保存力}$ と非保存力 $\bm{F}_{非保存力}$ の作用を受けていた場合の外力 $\bm{F}$ が物体になす仕事について考える．まず，外力は保存力と非保存力の合力なので，

$$\bm{F} = \bm{F}_{保存力} + \bm{F}_{非保存力} \tag{9.16}$$

である．したがって，外力のなす仕事は，

$$\begin{aligned} W &= \int_C \bm{F} \cdot d\bm{r} \\ &= \int_C \bm{F}_{保存力} \cdot d\bm{r} + \int_C \bm{F}_{非保存力} \cdot d\bm{r} \end{aligned} \tag{9.17}$$

と表される．保存力のなす仕事はポテンシャルで置き換えることが可能なので，

$$W = -\Delta U + \int_C \bm{F}_{非保存力} \cdot d\bm{r} \tag{9.18}$$

となる．仕事と運動エネルギーの関係は，力が保存力であるか非保存力であるかにかかわらず成り立つので，

$$\Delta K = -\Delta U + \int_C \bm{F}_{非保存力} \cdot d\bm{r} \tag{9.19}$$

が得られ，運動前後の運動エネルギーを K_1, K_2，ポテンシャルエネルギーを U_1, U_2，力学的エネルギーを E_1, E_2，非保存力のなす仕事を $W_{非保存力}$ とすると，

$$K_1 + U_1 + W_{非保存力} = K_2 + U_2 \tag{9.20}$$
$$\Longrightarrow \quad \bm{E}_1 + \bm{W}_{非保存力} = \bm{E}_2 \tag{9.21}$$

の関係が得られる．すなわち，非保存力が物体に正の仕事をするときは，運動の前後で力学的エネルギーはその仕事の分だけ増加する．逆に，非保存力が物体に負の仕事をするときは，運動の前後で力学的エネルギーはその仕事の分だけ減少する．減少したエネルギーは，熱エネルギーに変換され，物体の外に放出される．また，非保存力が仕事をしない場合には，運動の前後で力学的エネルギー保存則が成り立つことは上式より明らかである．

[例題 9.4] 図のように，質量 m の物体が摩擦のある水平面上を初速度 v_0 で滑り始めた．この物体は静止するまでこの面上をどれだけ移動できるか調べよ．ただし，物体と水平面との動摩擦係数を μ' とする．

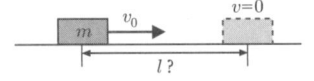

[解答] 静止するまでに物体が l だけ移動したとする．この物体に働く力は，重力と垂直抗力と摩擦力である．ここで，水平に移動するので重力によるポテンシャルの変化はない．同様に，垂直抗力 N は変位に対し垂直であるので，物体に対して仕事をしない．そこで，摩擦力のなす仕事について考える．

面に垂直方向の力のつり合いより $N = mg$ なので，摩擦力は $f = \mu' mg$ と表される．物体が l だけ移動する間に摩擦力が物体になす仕事 W は，

$$W = \mu' mg \cdot l \cdot \cos 180° = -\mu' mgl$$

となる．静止したときの運動エネルギーは 0 なので，$E_1 + W = E_2$ より

$$\frac{1}{2}mv_0^2 - \mu' mgl = 0 \qquad \therefore l = \frac{v_0^2}{2\mu' g}.$$

例題 9.5 図のように，水平方向に対して傾斜角 θ の摩擦のある斜面に質量 m の物体を置いたら，物体はゆっくりと滑り始めた．はじめの位置から斜面を l だけ滑り降りたときの，物体の速度を求めよ．ただし，物体と斜面との間の動摩擦係数を μ' とする．

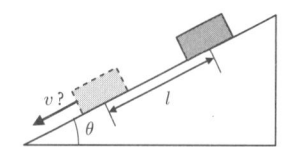

[解答] この物体には垂直抗力，重力，摩擦力の 3 つの力が作用している．ただし，垂直抗力は仕事をしない．

位置エネルギーの基準を初期位置にする．また，この物体の初速度は 0 であるので，初期状態での力学的エネルギーは $E_1 = 0$ である．

斜面を l だけ滑り降りた地点での物体の速度を v とすると，このときの力学的エネルギーは，

$$E_2 = K_2 + U_2 = \frac{1}{2}mv^2 + mg(-l\sin\theta) = \frac{1}{2}mv^2 - mgl\sin\theta$$

である．斜面を l だけ滑り降りる間に摩擦力が物体になす仕事を求める．物体が斜面から受ける垂直抗力は，斜面に垂直方向の力のつり合いより $N = mg\cos\theta$ なので，摩擦力は $f = \mu' mg\cos\theta$ となる．摩擦力は変位と反対方向に働くので，摩擦力のなす仕事は，

$$W = -fl = -\mu' mgl \cos\theta$$

と求められる．以上の結果を，$E_1 + W = E_2$ に代入すると，

$$0 - \mu' mgl \cos\theta = \frac{1}{2}mv^2 - mgl\sin\theta \qquad \therefore v = \sqrt{2gl(\sin\theta - \mu'\cos\theta)}$$

となる (向きは斜面に沿って下向きである)．

練習問題 9

9.1 バネ定数 k の軽くて質量を無視できるバネを鉛直につり下げ，他端に質量 m [kg] のおもりをつける．バネが自然長になるまでおもりを手で持ち上げた後，ゆっくりと手を放した．このとき，重力加速度を g として，バネとおもりのつり合いの位置におけるおもりの速さを求めよ．

9.2 6 kg の物体に働く力のポテンシャル U [J] が位置座標 x [m] を用いて，$U = -2x + x^2$ により与えられる．原点での物体の速度が $+1$ m/s であるとき，この物体の運動が，区間 $-1 \leq x \leq 3$ で周期運動となることを示せ．

9.3 ポテンシャルエネルギーが座標を用いて

$$U = -\frac{1}{2}x(y^2 + z^2) \text{ [J]}$$

と与えられ，この中を質量 4 kg の質点が運動している．このとき，以下の問いに答えよ．

(1) 点 $(-1, 1, 0)$ において働く力を求めよ．

(2) 働いている力が，保存力であることを確かめよ．

(3) 点 $(-1, 1, 0)$ から点 $(2, 0, 2)$ に移動したとする．ポテンシャルエネルギーの変化量を求めよ．

(4) 点 $(-1, 1, 0)$ のときの速度を $(0, 0, 0.5)$ とする．点 $(2, 0, 2)$ での速さを求めよ．

(5) この物体の運動方程式を書け．

9.4 図のように，質量 m のおもりを質量の無視できる長さ l のひもにつるし，天井との角度が 30° までおもりを持ち上げた後，手を静かに放して運動させた．そして，天井との角度が 60° になったところで，ひもを切った．この後のおもりの最高点の地面からの高さを求めよ．ただし，地面から天井までを L とし，重力加速度を g とする．

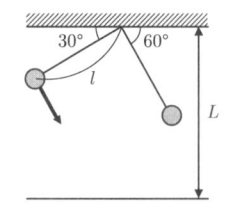

9.5 図のように，摩擦のない面と摩擦のある面が滑らかに接続している水平な床がある．滑らかな面は全長 l あり，この左端にバネ定数 k の軽いバネの一端を固定し，他端に質量 m の物体を押しつけ，自然長より a だけ縮めて放したところ，物体は床の上を滑り始めた．次の問いに答えよ．ただし，重力加速度を g とする．

(1) 物体が摩擦のない面を滑るときの速さを求めよ．ただし，バネの長さは l に比べて十分に短いとする．

(2) 物体は摩擦のない面を滑りきった後，摩擦のある面を b だけ滑って静止した．このとき，物体と摩擦のある面との動摩擦係数を求めよ．

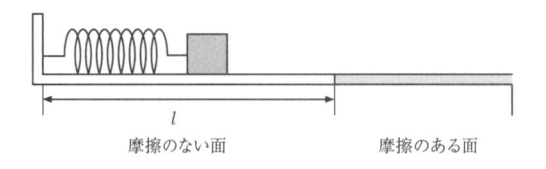

10 衝突

学習目標: 運動量保存則とはねかえり係数を用いて衝突運動を理解することができる.

10.1 力積と運動量

例えば右図のように, 速度 v で飛んできた質量 m のボールをラケットで打ち返す場合を考える. このとき, 短い時間 Δt に大きな力 $\boldsymbol{F}$ がボールに加わり, ボールの速度は $\boldsymbol{v}'$ へと変わる. このように非常に短い時間に働く大きな力を**撃力**という. 撃力の場合, 力が時間とともにどのように変化するかを正確に知るのは困難であるが, 次のように運動量の変化から撃力の概略を知ることができる.

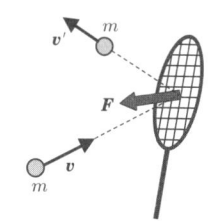

撃力が加わっている $\Delta t \, (= t_2 - t_1)$ の間のボールの運動方程式は,

$$m\frac{d^2\boldsymbol{r}(t)}{dt^2} = \frac{d\boldsymbol{p}(t)}{dt} = \boldsymbol{F}(t) \tag{10.1}$$

と表される. ここで, $\boldsymbol{p} \,(= m\boldsymbol{v})$ は運動量であり, 一般に撃力は時間の関数となるので $\boldsymbol{F}(t)$ と表記した. また一般的に, 重力などの外力は撃力に比べて非常に小さいため, 衝突の短い時間の運動に際してはそれを無視することができる. そこで, (10.1) に対して時刻 t_1 から t_2 まで積分すると

$$\int_{t_1}^{t_2} \frac{d\boldsymbol{p}(t)}{dt} dt = \int_{t_1}^{t_2} \boldsymbol{F}(t)\, dt \tag{10.2}$$

が得られる. ここで, 左辺は次に示すように運動量の変化に等しい.

$$\int_{t_1}^{t_2} \frac{d\boldsymbol{p}(t)}{dt} dt = \boldsymbol{p}(t_2) - \boldsymbol{p}(t_1) \tag{10.3}$$

右辺は衝突の大きさをはかる尺度であり，これを**力積**という．力積はベクトル量である．また，物体に働く平均の撃力

$$\overline{\boldsymbol{F}} = \frac{1}{t_2 - t_1} \int_{t_1}^{t_2} \boldsymbol{F}(t) \, dt \tag{10.4}$$

を用いると，力積は

$$\int_{t_1}^{t_2} \boldsymbol{F}(t) \, dt = \overline{\boldsymbol{F}} \cdot (t_2 - t_1) = \overline{\boldsymbol{F}} \Delta t \tag{10.5}$$

と書き直すこともできる．すなわち，平均の撃力と作用時間との積として力積を表すこともできる．

以上より，時間 $\Delta t = t_2 - t_1$ の間に起きる運動量の変化 $\Delta \boldsymbol{p} = \boldsymbol{p}(t_2) - \boldsymbol{p}(t_1)$ が，力積 $\overline{\boldsymbol{F}} \Delta t$ に等しいことがわかる．すなわち，

$$\boxed{\Delta \boldsymbol{p} = \overline{\boldsymbol{F}} \Delta t} \tag{10.6}$$

である．

10.2　2質点の衝突と運動量保存則

図のように，同じ直線上を運動するそれぞれ質量 m_1, m_2，速度 v_1, v_2 の質点 A,B が衝突して，衝突後の速度が v_1', v_2' になったとする．衝突中の短い時間 Δt には，質点 A は B から F_{BA} の撃力，質点 B は A から F_{AB} の撃力を受ける．ここで，質点 A の運動に対して，力積と運動量の関係を適用すると，

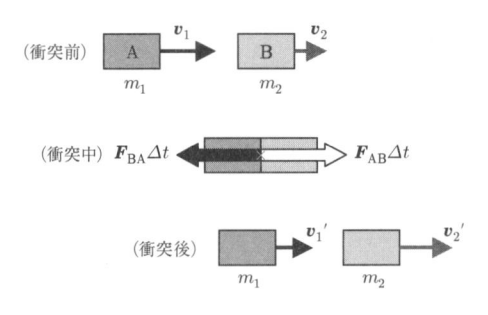

$$m_1 v_1' - m_1 v_1 = F_{\text{BA}} \Delta t \tag{10.7}$$

となる．同様に，質点 B の運動に対して力積と運動量の関係を適用すると，

$$m_2 v_2' - m_2 v_2 = F_{\text{AB}} \Delta t \tag{10.8}$$

が得られる．ここで，F_{AB} と F_{BA} は作用・反作用の関係にあるので，

$$F_{\text{AB}} = -F_{\text{BA}} \tag{10.9}$$

となる．したがって，

$$m_1 v_1' - m_1 v_1 = -m_2 v_2' + m_2 v_2 \tag{10.10}$$

$$\boxed{\therefore \; m_1 v_1 + m_2 v_2 = m_1 v_1' + m_2 v_2'} \tag{10.11}$$

の関係式が得られる．すなわち，衝突前後の2質点の運動量の和は変化しない．これを**運動量保存則**という．

10.2 2質点の衝突と運動量保存則

前述では，衝突前後ともに 2 つの質点が同一直線上を運動する場合を扱い，運動量保存則を導いたが，一般に運動量保存則は，一直線上の衝突に限らず，質点が空間でどのように衝突する場合にも成り立つ．

$$m_1\boldsymbol{v}_1 + m_2\boldsymbol{v}_2 = m_1\boldsymbol{v}_1' + m_2\boldsymbol{v}_2' \tag{10.12}$$

ただし，このときには，速度や力がベクトル量であることをきちんと考慮する必要がある．

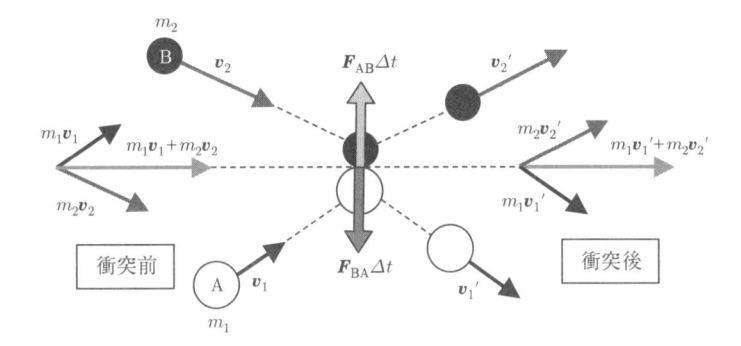

例題 10.1 滑らかな直線上を運動するそれぞれ質量 $m_\mathrm{A}, m_\mathrm{B}$，速度 $v_\mathrm{A}, v_\mathrm{B}$ の 2 つの物体が衝突した後に一体となって運動した．衝突後の物体の速度を求めよ．

[解答] 衝突後の物体の質量は $m_\mathrm{A} + m_\mathrm{B}$ である．このとき，求める速度を V とすると，衝突の前後で運動量が保存されるので，

$$(m_\mathrm{A} + m_\mathrm{B})V = m_\mathrm{A} v_\mathrm{A} + m_\mathrm{B} v_\mathrm{B}$$

である．したがって，

$$V = \frac{m_\mathrm{A} v_\mathrm{A} + m_\mathrm{B} v_\mathrm{B}}{m_\mathrm{A} + m_\mathrm{B}}.$$

例題 10.2 図のように，滑らかな水平面上を運動している 2 つの物体がある．質量 2 kg の物体 A は x-軸上を速度 $v_\mathrm{A} = +2$ [m/s]，質量 1 kg の物体 B は y-軸上を速度 $v_\mathrm{B} = +3$ [m/s] で運動し，原点で衝突した．衝突後，2 つの物体は一体になって運動したとする．衝突後の物体の速度 (速さと向き) を求めよ．

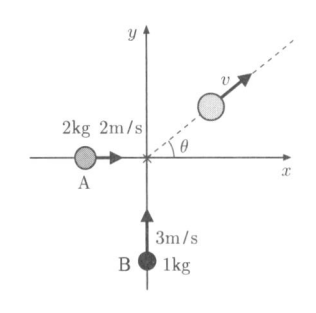

[解答] 題意より，衝突前の物体 A の速度ベクトルは $\boldsymbol{v}_\mathrm{A} = (2, 0)$ [m/s]，物体 B の速度ベクトルは $\boldsymbol{v}_\mathrm{B} = (0, 3)$ [m/s] である．衝突後一体となって進む物体の速度ベクトルを $\boldsymbol{v}' = (v_x', v_y')$ とすると，運動量保存則より，

$$2(2, 0) + 1(0, 3) = (2 + 1)(v_x', v_y') \qquad \therefore \ (v_x', v_y') = \left(\frac{4}{3}, \ 1\right)$$

したがって,

$$速さは, \quad v = |\bm{v}| = \sqrt{\left(\frac{4}{3}\right)^2 + 1^2} = \frac{5}{3} \text{ [m/s]},$$

$$x\text{-軸とのなす角 } \theta \text{ は}, \quad \theta = \tan^{-1}\frac{1}{\frac{4}{3}} = \tan^{-1}\frac{3}{4} = 36.86\cdots \fallingdotseq 37°.$$

10.3 衝突における重心の運動

質量 m_1, m_2 の 2 つの物体がそれぞれ一定の速度 $\bm{v}_1, \bm{v}_2$ で運動しているとする.それぞれの初期位置を $\bm{r}_1, \bm{r}_2$ とする.初期状態の 2 つの物体の重心の位置ベクトル $\bm{r}_{\text{G}0}$ は,次のように表される.

$$\bm{r}_{\text{G}0} = \frac{m_1 \bm{r}_1 + m_2 \bm{r}_2}{m_1 + m_2} \tag{10.13}$$

また,時刻 t の 2 つの物体の重心の位置ベクトル $\bm{r}_{\text{G}}$ は,

$$\bm{r}_{\text{G}} = \frac{m_1(\bm{r}_1 + \bm{v}_1 t) + m_2(\bm{r}_2 + \bm{v}_2 t)}{m_1 + m_2} \tag{10.14}$$

で与えられる.そこで,重心の変位ベクトルを求めると,

$$\bm{r}_{\text{G}} - \bm{r}_{\text{G}0} = \frac{m_1 \bm{v}_1 + m_2 \bm{v}_2}{m_1 + m_2} t \tag{10.15}$$

が得られる.ここで,重心の速度を $\bm{v}_{\text{G}}$ とすると,

$$\bm{v}_{\text{G}} = \frac{\bm{r}_{\text{G}} - \bm{r}_{\text{G}0}}{t} = \frac{m_1 \bm{v}_1 + m_2 \bm{v}_2}{m_1 + m_2} \tag{10.16}$$

となる.分子は 2 つの物体の運動量の和である.

それでは,この物体が衝突したとして,衝突後の重心の速度を考えてみよう.衝突後の速度を $\bm{v}'_1, \bm{v}'_2$ とすると,衝突後の重心の速度 $\bm{v}'_{\text{G}}$ は同様に,

$$\bm{v}'_{\text{G}} = \frac{m_1 \bm{v}'_1 + m_2 \bm{v}'_2}{m_1 + m_2} \tag{10.17}$$

となる.衝突に際しては運動量保存則が成り立つ.すなわち,

$$m_1 \bm{v}'_1 + m_2 \bm{v}'_2 = m_1 \bm{v}_1 + m_2 \bm{v}_2 \tag{10.18}$$

$$\therefore \quad \bm{v}'_{\text{G}} = \bm{v}_{\text{G}} \tag{10.19}$$

が導かれ,衝突前後で重心の速度は変化しないことがわかる.衝突に限らず一般に,複数の物体が外力の作用を受けずに物体間の内力だけで運動しているときには,その重心は等速度運動をする.

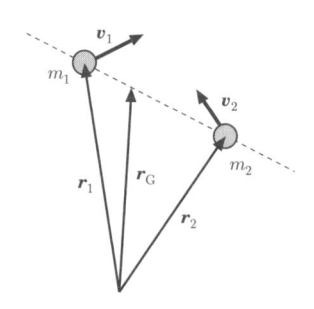

10.4 はねかえり係数
10.4.1 2質点の衝突 (正面衝突)

2つの質点が衝突前後で同一直線上を運動する正面衝突について考える．質点 1, 2 の衝突前後の速度を，それぞれ v_1, v_2 および v'_1, v'_2 とする．この衝突を質点 1 より眺めてみると，衝突前は質点 2 が相対速度 $v_2 - v_1$ で近づき，衝突後は相対速度 $v'_2 - v'_1$ で遠ざかるように見えるだろう．このとき，はねかえり係数 (反発係数) はその衝突前後の相対速度の大きさの比に等しい．

$$\boxed{e = \frac{|v'_2 - v'_1|}{|v_2 - v_1|} = -\frac{v'_2 - v'_1}{v_2 - v_1}} \tag{10.20}$$

ここで，"−" は衝突前後で相対速度の符号が反転していることによる．はねかえり係数は，

$$\boxed{0 \leq e \leq 1} \tag{10.21}$$

の範囲のスカラー量となる．つまり，この関係式は，衝突を質点 1 より眺めたとき，質点 2 が衝突後遠ざかる速さは，衝突前近づく速さと比べて同じか遅くなることを意味する．

例題 10.3 同一直線上を運動する質量 1 kg と質量 2 kg の 2 つの小球 1, 2 が，それぞれ速度 +5 m/s, −3 m/s で正面衝突をした．この衝突のはねかえり係数が 0.5 のとき，衝突後の小球 1, 2 の速度を求めよ．

[解答] 衝突後の小球 1, 2 の速度をそれぞれ v_1, v_2 とする．運動量保存則より，

$$1 \times 5 + 2 \times (-3) = 1 \times v_1 + 2 \times v_2 \implies -1 = v_1 + 2v_2$$

はねかえり係数が 0.5 なので，

$$0.5 = -\frac{v_2 - v_1}{-3 - 5} \implies 4 = v_2 - v_1$$

得られた 2 つの方程式を連立して解くと，

$$v_1 = -3 \ [\text{m/s}], \quad v_2 = 1 \ [\text{m/s}].$$

10.4.2 斜め方向の衝突

図のように，質点が滑らかで水平な床に対して斜めに衝突した場合を考える．このとき，質点の速度を床に水平方向と垂直方向に分けて考えるとよい．そこで，床に水平方向で質点の進行方向に x-軸の正方向，垂直方向で質点から床方向に y-軸の正方向をとる．

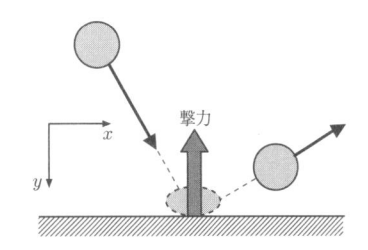

衝突に際し，質点が床から受ける撃力は床に垂直な $-y$-方向であり，x-方向には働かない．したがって，運動方程式を用いれば明らかなように，

質点は衝突前後で床に対して水平方向には等速度運動を続ける．一方，質点の鉛直方向の運動は，床との正面衝突とみなすことができ，はねかえり係数の関係式 (10.20) が適用できる．すなわち，質点の衝突前後の速度をそれぞれ $\boldsymbol{v} = (v_x, v_y)$, $\boldsymbol{v}' = (v'_x, v'_y)$ とすると，

$$\boxed{v_x = v'_x, \qquad e = -\frac{v'_y}{v_y}} \tag{10.22}$$

が成り立つ．

例題 10.4 図のように，滑らかで水平な床に質量 m の質点が速さ v で水平方向に対してなす角 $60°$ に衝突し，水平に対してなす角 $45°$ ではね返ったとする．このとき，質点と床とのはねかえり係数を求めよ．

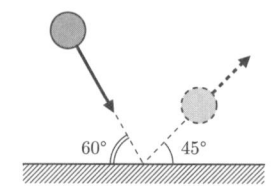

[解答] 衝突後の質点の速さを v' とする．衝突前後で質点の床に水平方向の速度は変わらないので，

$$v' \cos 45° = v \cos 60° \qquad \therefore \quad v' = \frac{\sqrt{2}}{2} v$$

また，床と垂直方向に対して，はねかえり係数の関係式を用いると，

$$e = -\frac{v' \sin(-45°)}{v \sin 60°} = -\frac{\frac{\sqrt{2}}{2} v \cdot \frac{-1}{\sqrt{2}}}{v \cdot \frac{\sqrt{3}}{2}} = \frac{1}{\sqrt{3}}.$$

10.5 衝突と力学的エネルギー

衝突の前後では運動量保存則が成り立つ．それでは，力学的エネルギー保存則はどうであろうか．そこで，簡単な例として，同じ直線上を運動する質量 m_1, 速度 v_1 の物体 1 と，質量 m_2, 速度 0 の物体 2 の衝突を考える．衝突後の物体 1, 2 の速度をそれぞれ v'_1, v'_2 とする．このとき，運動量保存則，はねかえり係数の関係式は次のように表せる．

$$\begin{cases} m_1 v_1 = m_1 v'_1 + m_2 v'_2 \\ e = -\dfrac{v'_1 - v'_2}{v_1} \end{cases} \tag{10.23}$$

これらを解いて，

$$v'_1 = \frac{m_1 - e m_2}{m_1 + m_2} v_1, \qquad v'_2 = \frac{m_1 + e m_1}{m_1 + m_2} v_1 \tag{10.24}$$

衝突前後の運動エネルギーの差は，

$$\begin{aligned} \Delta K &= \frac{1}{2} m_1 v'^2_1 + \frac{1}{2} m_2 v'^2_2 - \frac{1}{2} m_1 v^2_1 \\ &= \frac{1}{2} \frac{m_1 m_2}{m_1 + m_2} v^2_1 (e^2 - 1) \end{aligned} \tag{10.25}$$

また，衝突の直前，直後では位置は等しく，したがってポテンシャルエネルギーには変化がないと考えてよい．よって，衝突前後の力学的エネルギーの変化量は (10.25) で与えられる．

この結果から，$e=1$ の場合に限って，$\Delta K = 0$，すなわち力学的エネルギー保存則が成り立つ．このため，$e=1$ の衝突のことを弾性衝突，または完全弾性衝突という．

さらに，はねかえり係数の範囲は $0 \leq e \leq 1$ であるので，$e=1$ 以外の場合には，(10.25) より $\Delta K < 0$ となる．すなわち，力学的エネルギーが減少するので，$e \neq 1$ の衝突を非弾性衝突という．この場合，減少した力学的エネルギーは，熱や物体の変形に費やされる．

練習問題 10

10.1 図のように，静止した質量 1 kg の物体に，時間的に変化する力が 5 秒間作用した．5 秒後の物体の速度を求めよ．

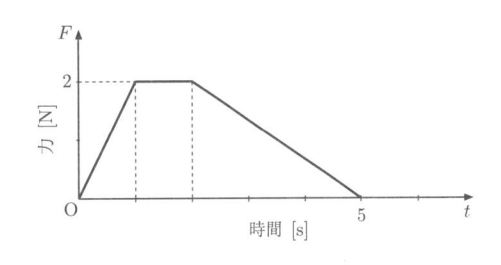

10.2 同一直線上を同じ方向に運動する 2 つの物体がある．ある時刻に速さ 1 m/s で運動していた質量 6 kg の物体 A に，質量 2 kg の物体 B が速さ 3 m/s で追突した．このとき，以下の問いに答えよ．

(1) 追突後，2 つの物体は一体となって運動を始めたとする．その速度を求めよ．

(2) 追突後，物体 B は速さ 1 m/s で逆向きに進んだとする．このときの物体 A の速度を求めよ．

10.3 図のように，滑らかな水平面上を運動している 2 つの物体がある (図はそれを真上から見ている)．質量 2 kg の物体 A は x-軸上を速度 $v = +2$ [m/s]，質量 1 kg の物体 B は y-軸上を運動し，原点で衝突した．衝突後，2 つの物体は一体になって x-軸となす角 30°で運動したとする．衝突前の物体 B の速さと衝突後の物体の速さを求めよ．

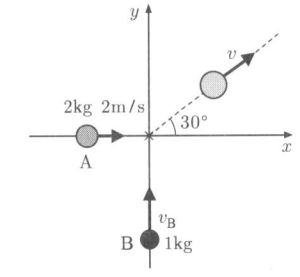

10.4 速さ V で飛んでいた全質量 M のロケットが，質量 m の燃焼ガスを速さ v で瞬間的に後方に放出した．放出後のロケットの速度を求めよ．

10.5 ボールを地表より高さ h [m] から静かに真下に落とす．地表とボールのはねかえり係数を e とするとき，以下の問いに答えよ．ただし，重力加速度を g [m/s²] とする．

(1) 地表ではね返る直前直後のボールの速さを求めよ．

(2) はね返った後の最高点の高さを求めよ．

(3) ボールが地表に達するまでの時間 t [s] と，衝突してから最高点に達するまでの時間 t' [s] との関係を e を用いて表せ．

10.6 図のように，滑らかな水平面上を運動している同じ質量 m の 2 つの物体が，バネをクッションとして正面衝突した．はじめ，一方の物体は静止しており，他方の物体の速さを v_0 とするとき，以下の問いに答えよ．ただし，摩擦，バネの質量は無視できるとする．

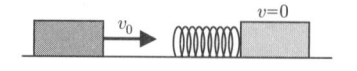

(1) バネが最も縮んだとき，2 つの物体の速度はどのような関係にあるか述べよ．

(2) バネに蓄えられる弾性エネルギーの最大値を求めよ．

10.7 図のように，地表の A 地点から速さ v_0，仰角 30°で質量 m のボールを投げ上げたところ，O 地点にある壁に垂直に衝突した．はね返ったボールは，地点 A と地点 O のちょうど真ん中に落下した．このとき，以下の問いに答えよ．ただし，重力加速度を g とする．

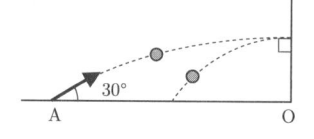

(1) ボールが壁にあたった場所の高さを求めよ．

(2) ボールと壁の間のはねかえり係数を求めよ．

(3) 衝突によって失われたボールの力学的エネルギーを求めよ．

11

ベクトル積と力のモーメント

> 学習目標: 力のモーメントを利用し，物体の回転運動について調べることができる．

11.1 ベクトル積 (外積)

次節で学習する力のモーメントを理解するためには，ベクトル積という数学的手段が必要となる．ベクトル A と B のベクトル積 $A \times B$ とは，A と B に垂直で，A を B に重ねる方向に (右ネジを回すときにネジが進む方向に) 向きをもち，大きさが A と B を 2 辺とする平行四辺形の面積に等しいベクトルをいう．

$$|A \times B| = |A||B|\sin\theta \tag{11.1}$$

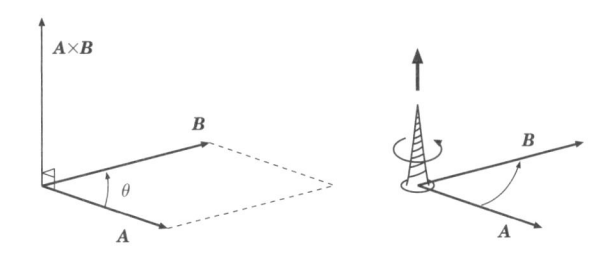

$A \times B$ を A クロス B と読む．また，ベクトル積を外積ともいう．内積の計算結果はスカラーになるのに対して，外積の計算結果はベクトルになる．

ベクトル積の定義から次の性質は容易に確かめることができる．

$$A \times B = -B \times A \quad 特に \quad A \times A = 0 \tag{11.2}$$

ベクトル積はさらに次の線形性を満たす.
$$\boldsymbol{A} \times (\boldsymbol{B} + \boldsymbol{C}) = \boldsymbol{A} \times \boldsymbol{B} + \boldsymbol{A} \times \boldsymbol{C} \tag{11.3}$$

基底ベクトル間のベクトル積は，次のようになる． 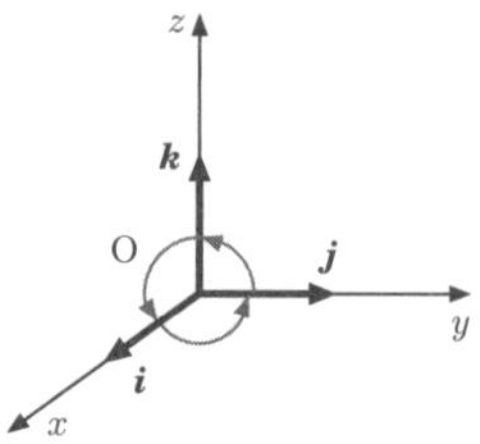
$$\boldsymbol{i} \times \boldsymbol{i} = \boldsymbol{j} \times \boldsymbol{j} = \boldsymbol{k} \times \boldsymbol{k} = 0 \tag{11.4}$$
$$\boldsymbol{i} \times \boldsymbol{j} = \boldsymbol{k}, \quad \boldsymbol{j} \times \boldsymbol{k} = \boldsymbol{i}, \quad \boldsymbol{k} \times \boldsymbol{i} = \boldsymbol{j} \tag{11.5}$$

これとベクトル積の性質を用いると
$$\begin{aligned}
\boldsymbol{A} \times \boldsymbol{B} &= (\boldsymbol{i} A_x + \boldsymbol{j} A_y + \boldsymbol{k} A_z) \times (\boldsymbol{i} B_x + \boldsymbol{j} B_y + \boldsymbol{k} B_z) \\
&= \boldsymbol{i} \times \boldsymbol{i} A_x B_x + \boldsymbol{i} \times \boldsymbol{j} A_x B_y + \boldsymbol{i} \times \boldsymbol{k} A_x B_z \\
&\quad + \boldsymbol{j} \times \boldsymbol{i} A_y B_x + \boldsymbol{j} \times \boldsymbol{j} A_y B_y + \boldsymbol{j} \times \boldsymbol{k} A_y B_z \\
&\quad + \boldsymbol{k} \times \boldsymbol{i} A_z B_x + \boldsymbol{k} \times \boldsymbol{j} A_z B_y + \boldsymbol{k} \times \boldsymbol{k} A_z B_z \\
&= \boldsymbol{i}(A_y B_z - A_z B_y) + \boldsymbol{j}(A_z B_x - A_x B_z) + \boldsymbol{k}(A_x B_y - A_y B_x) \tag{11.6}
\end{aligned}$$

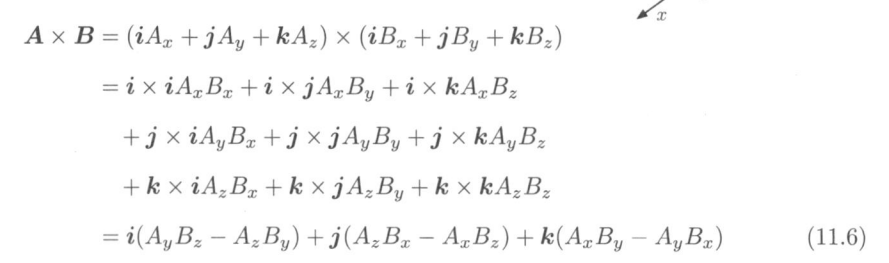

したがって，ベクトル積 $\boldsymbol{A} \times \boldsymbol{B}$ に対する次の成分表示が得られる．

$$\boxed{\text{ベクトル積} \quad \boldsymbol{A} \times \boldsymbol{B} = (A_y B_z - A_z B_y, A_z B_x - A_x B_z, A_x B_y - A_y B_x)} \tag{11.7}$$

この関係は行列式を用いて次のように表すことができる．
$$\begin{aligned}
\boldsymbol{A} \times \boldsymbol{B} &= \boldsymbol{i}(A_y B_z - A_z B_y) + \boldsymbol{j}(A_z B_x - A_x B_z) + \boldsymbol{k}(A_x B_y - A_y B_x) \\
&= \begin{vmatrix} \boldsymbol{i} & \boldsymbol{j} & \boldsymbol{k} \\ A_x & A_y & A_z \\ B_x & B_y & B_z \end{vmatrix} \tag{11.8}
\end{aligned}$$

ベクトル積に関する次の公式はしばしば有用である．
$$\text{スカラー 3 重積} \quad \boldsymbol{A} \cdot (\boldsymbol{B} \times \boldsymbol{C}) = \boldsymbol{B} \cdot (\boldsymbol{C} \times \boldsymbol{A}) = \boldsymbol{C} \cdot (\boldsymbol{A} \times \boldsymbol{B}) \tag{11.9}$$
$$\text{ベクトル 3 重積} \quad \boldsymbol{A} \times (\boldsymbol{B} \times \boldsymbol{C}) = (\boldsymbol{A} \cdot \boldsymbol{C}) \boldsymbol{B} - (\boldsymbol{A} \cdot \boldsymbol{B}) \boldsymbol{C} \tag{11.10}$$

［証明］ (11.9), (11.10) を示す．
$$\begin{aligned}
\boldsymbol{A} \cdot (\boldsymbol{B} \times \boldsymbol{C}) &= A_x(B_y C_z - B_z C_y) + A_y(B_z C_x - B_x C_z) + A_z(B_x C_y - B_y C_x) \\
&= B_x(C_y A_z - C_z A_y) + B_y(C_z A_x - C_x A_z) + B_z(C_x A_y - C_y A_x) \\
&= \boldsymbol{B} \cdot (\boldsymbol{C} \times \boldsymbol{A})
\end{aligned}$$
$$\begin{aligned}
(\boldsymbol{A} \times (\boldsymbol{B} \times \boldsymbol{C}))_x &= A_y (\boldsymbol{B} \times \boldsymbol{C})_z - A_z (\boldsymbol{B} \times \boldsymbol{C})_y \\
&= A_y(B_x C_y - B_y C_x) - A_z(B_z C_x - B_x C_z) \\
&= (A_x C_x + A_y C_y + A_z C_z) B_x - (A_x B_x + A_y B_y + A_z B_z) C_x \\
&= ((\boldsymbol{A} \cdot \boldsymbol{C}) \boldsymbol{B} - (\boldsymbol{A} \cdot \boldsymbol{B}) \boldsymbol{C})_x \quad (y, z\text{-成分も同様}) \quad \square
\end{aligned}$$

11.1 ベクトル積 (外積)

スカラー 3 重積について次の等式が成り立つ.

$$\boldsymbol{A}\cdot(\boldsymbol{B}\times\boldsymbol{C}) = \begin{vmatrix} A_x & A_y & A_z \\ B_x & B_y & B_z \\ C_x & C_y & C_z \end{vmatrix}$$

スカラー 3 重積の絶対値は, 3 つのベクトルを 3 本の稜とする平行六面体の体積となる.

例題 11.1 $\boldsymbol{A}=(1,-2,3), \boldsymbol{B}=(-1,-4,2)$ とするとき, $\boldsymbol{A}\times\boldsymbol{B}$ を求めよ. また, $\boldsymbol{A}\times\boldsymbol{B}$ が $\boldsymbol{A}$ および $\boldsymbol{B}$ と垂直であることを示せ.

[解答] $\boldsymbol{A}\times\boldsymbol{B} = (1,-2,3)\times(-1,-4,2)$
$= ((-2)\times 2 - 3\times(-4),\ 3\times(-1) - 1\times 2,\ 1\times(-4) - (-2)\times(-1))$
$= (8, -5, -6)$

ここで求めた $\boldsymbol{A}\times\boldsymbol{B}$ と $\boldsymbol{A}$ の内積を求める.

$$(\boldsymbol{A}\times\boldsymbol{B})\cdot\boldsymbol{A} = (8,-5,-6)\cdot(1,-2,3) = 8\times 1 + (-5)\times(-2) + (-6)\times 3 = 0$$

内積が 0 なので, $\boldsymbol{A}\times\boldsymbol{B}$ と $\boldsymbol{A}$ は垂直である.

同様に, $\boldsymbol{A}\times\boldsymbol{B}$ と $\boldsymbol{B}$ の内積を求める.

$$(\boldsymbol{A}\times\boldsymbol{B})\cdot\boldsymbol{B} = (8,-5,-6)\cdot(-1,-4,2) = 8\times(-1) + (-5)\times(-4) + (-6)\times 2 = 0$$

内積が 0 なので, $\boldsymbol{A}\times\boldsymbol{B}$ と $\boldsymbol{B}$ も垂直である.

例題 11.2 次の公式が成り立つことを示せ.

$$(\boldsymbol{A}\times\boldsymbol{B})\cdot(\boldsymbol{C}\times\boldsymbol{D}) = (\boldsymbol{A}\cdot\boldsymbol{C})(\boldsymbol{B}\cdot\boldsymbol{D}) - (\boldsymbol{A}\cdot\boldsymbol{D})(\boldsymbol{B}\cdot\boldsymbol{C})$$

上式を利用して, $|\boldsymbol{A}\times\boldsymbol{B}|$ が, $\boldsymbol{A}$ と $\boldsymbol{B}$ とでつくられる平行四辺形の面積に等しいことを示せ.

[解答] スカラー 3 重積とベクトル 3 重積を用いる.

$$(\boldsymbol{A}\times\boldsymbol{B})\cdot(\boldsymbol{C}\times\boldsymbol{D}) = \boldsymbol{C}\cdot(\boldsymbol{D}\times(\boldsymbol{A}\times\boldsymbol{B}))$$
$$= \boldsymbol{C}\cdot((\boldsymbol{D}\cdot\boldsymbol{B})\boldsymbol{A} - (\boldsymbol{D}\cdot\boldsymbol{A})\boldsymbol{B})$$
$$= (\boldsymbol{A}\cdot\boldsymbol{C})(\boldsymbol{B}\cdot\boldsymbol{D}) - (\boldsymbol{A}\cdot\boldsymbol{D})(\boldsymbol{B}\cdot\boldsymbol{C})$$

$\boldsymbol{A}$ と $\boldsymbol{B}$ のなす角を θ, $\boldsymbol{C}=\boldsymbol{A}, \boldsymbol{D}=\boldsymbol{B}$ とおくと,

$$|\boldsymbol{A}\times\boldsymbol{B}|^2 = (\boldsymbol{A}\times\boldsymbol{B})\cdot(\boldsymbol{A}\times\boldsymbol{B}) = (\boldsymbol{A}\cdot\boldsymbol{A})(\boldsymbol{B}\cdot\boldsymbol{B}) - (\boldsymbol{A}\cdot\boldsymbol{B})^2$$
$$= |\boldsymbol{A}|^2|\boldsymbol{B}|^2(1-\cos^2\theta) = (|\boldsymbol{A}||\boldsymbol{B}|\sin\theta)^2$$

これより, $|\boldsymbol{A}\times\boldsymbol{B}| = |\boldsymbol{A}||\boldsymbol{B}|\sin\theta$ を得るが, これは $\boldsymbol{A}$ と $\boldsymbol{B}$ を 2 辺とする平行四辺形の面積に等しい.

11.2 力のモーメント

11.2.1 てこの原理

支点を回転軸とする棒のつり合いについて考える．支点から距離 l_1, l_2 の点に垂直に働く力 F_1, F_2 のつり合いの条件は，

$$F_1 l_1 = F_2 l_2 \tag{11.11}$$

により与えられる．これは，棒が微小角 $\Delta\theta$ 回転するときに力 F_1, F_2 がなす仮想仕事の和が 0 であることからわかる．

$$F_1 \text{ のなす仕事} = F_1 l_1 \Delta\theta \tag{11.12}$$

$$F_2 \text{ のなす仕事} = -F_2 l_2 \Delta\theta \tag{11.13}$$

$$\text{仮想仕事の和が 0} \quad F_1 l_1 \Delta\theta - F_2 l_2 \Delta\theta = 0 \tag{11.14}$$

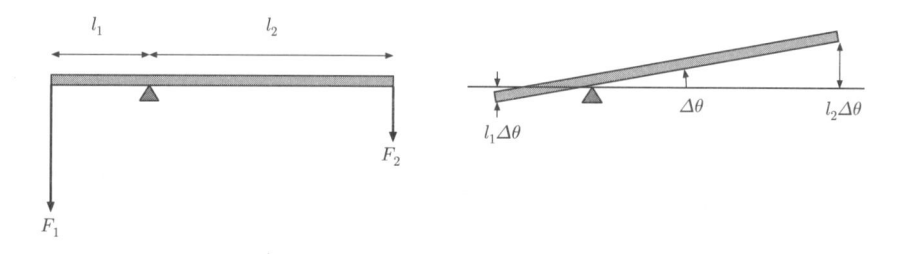

今度は，力 F_1, F_2 が，次図のように，それぞれ棒と角度 φ_1, φ_2 のなす方向に働く場合のつり合いについて考えよう．力を棒に平行な成分と垂直な成分に分けると，棒に平行な成分は支点が左右に動かないように固定されている場合には全体として打ち消し合って，棒の運動には関係しない．したがって，棒に垂直な力の成分だけ考えればよく，つり合いの条件は，

$$F_1 l_1 \sin\varphi_1 = F_2 l_2 \sin\varphi_2 \tag{11.15}$$

により与えられる．この式の両辺は，それぞれ支点から力が作用する点に引いたベクトルとそれぞれの点で働く力を辺とする平行四辺形の面積，すなわち，これらのベクトルのベクトル積の大きさに等しい．したがって，このつり合いの条件は，右下図に描かれた平行四辺形の面積が等しいことを表している．

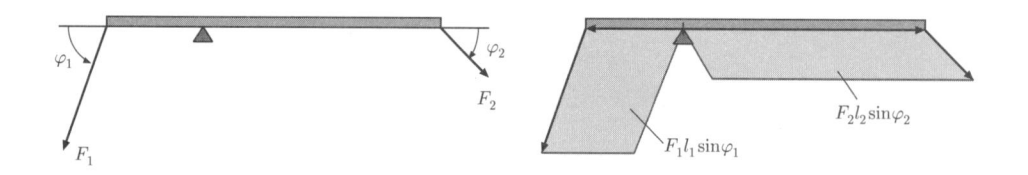

11.2.2 力のモーメント

てこのつり合いの考察は，力が作用する点の位置ベクトルと力のベクトル積で表される量の導入を示唆している．そこで，位置ベクトル r で表される点にある物体に力 F が作用するとき，r と F のベクトル積を力 F の原点 O に関する力のモーメントと呼び，N で表す．すなわち，

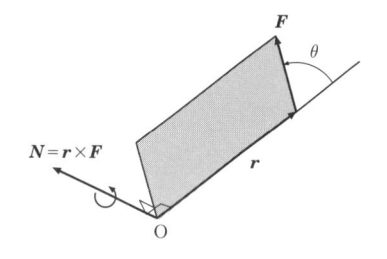

$$\boxed{\text{力のモーメント} \quad N = r \times F} \tag{11.16}$$

力のモーメント $N = r \times F$ の大きさは，r と F でできる平行四辺形の面積に等しい．

$$|N| = |r \times F| = |r||F|\sin\theta \tag{11.17}$$

また，力のモーメントの符号は，一般的に反時計まわりを正，時計まわりを負とする．

例題 11.3 力のモーメントを用いて，てこのつり合いの問題を考察せよ．

[解答] 図のように，支点を点 O，力が作用する点を点 P_1, P_2 とする．簡単のため，力 F_1, F_2 は鉛直下向きに作用すると仮定する．

F_1 と F_2 の支点 O に関する力のモーメント $N_1 = r_1 \times F_1$, $N_2 = r_2 \times F_2$ の向きは逆である．また，それぞれの力のモーメントの大きさは，てこの原理より等しい．したがって，次の力のモーメントのつり合いの関係式が得られる．

$$\boxed{N_1 + N_2 = 0} \tag{11.18}$$

力のつり合いと同じように，2 つの力のモーメントの大きさが等しく互いに打ち消し合う向きに働くときつり合いが保たれ，支点を中心にした回転運動が起こらない．

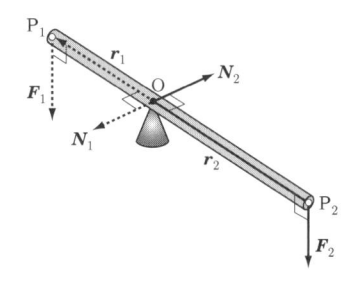

例題 11.4 図のように，棒の一端 A を中心に自由に回転できる太さが均一の長さ 2 m の棒がある．棒の点 C, D にそれぞれ下向きに 100 N, 200 N の力が働いている．このとき，次の場合について，棒が水平に保つために点 B に上向きに加える力の大きさを求めよ．ただし，重力加速度は 9.8 m/s^2 とする．

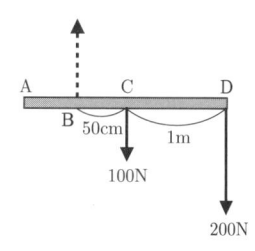

(1) 棒の質量が無視できる場合

(2) 棒の質量が 10 kg の場合

[解答] (1) 点 A のまわりの力のモーメントにつり合いの関係が成り立てば，棒は回転しない．したがって，求める力の大きさを F [N] とすると，点 A のまわりのモーメントの関係式は，

$$F \times 0.5 - 100 \times 1 - 200 \times 2 = 0 \quad \therefore \quad F = 1000 \text{ [N]}.$$

(2) 棒の質量は，棒の重心に集まっているとして考えることができる．したがって，(1) に対して，点 A のまわりの重力のモーメントを加えればよい．よって，点 A のまわりの力のモーメントのつり合いの関係式は，

$$F \times 0.5 - 100 \times 1 - 200 \times 2 - 10 \times 9.8 \times 1 = 0 \quad \therefore \quad F = 1196 \text{ [N]}.$$

[例題 11.5] 図のように，長さ l [m]，質量 m [kg] の一様な棒 AB の一端を粗い鉛直な壁に押し当て，他端に軽くて伸びない糸を結び，その糸の他端を棒が水平になるように壁に固定する．このとき，糸と棒のなす角は θ とする．重力加速度を g [m/s^2]，棒の質量は，棒の中心に集まっているとして，糸の張力 T [N]，垂直抗力 N [N]，棒と壁の間の摩擦力 F [N] を求めよ．

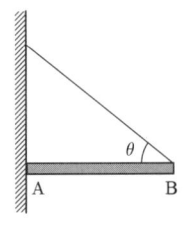

[解答] 水平右向きを x-軸の正方向，鉛直上向きを y-軸の正方向にとる．

力のつり合い　水平方向　$N - T\cos\theta = 0 \quad \therefore \quad N = T\cos\theta$

鉛直方向　$F + T\sin\theta - mg = 0 \quad \therefore \quad F = -T\sin\theta + mg$

点 A に関する力のモーメントのつり合い

$$\frac{l}{2} \cdot mg \cdot \sin 270° + l \cdot T \sin(180° - \theta) = 0$$

$$\therefore \quad T = \frac{mg}{2\sin\theta}$$

したがって，

$$N = \frac{mg}{2\tan\theta}, \quad F = \frac{1}{2}mg.$$

練習問題 11

11.1 $\boldsymbol{A} = (1, 1, -2), \boldsymbol{B} = (1, -5, 0), \boldsymbol{C} = (2, 4, 5)$ を 3 本の稜とする平行六面体の体積を求めよ．

11.2 図のように，質量の無視できる長さ $5l$ [m] の棒が左から $3l$ [m] にある支点に支えられている．左端に質量 $2m$ [kg] の物体 A，右端に質量 $3m$ [kg] の物体 B を質量の無視できる糸でつるし，静かに手を放した．このとき，以下の問いに答えよ．

練習問題 11　　91

(1) 物体 A によって支点のまわりに生じる力のモーメントを求めよ．

(2) 物体 B によって支点のまわりに生じる力のモーメントを求めよ．

(3) この棒は支点のまわりに回転するか調べよ．

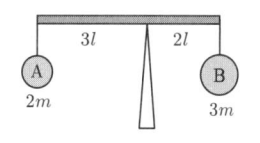

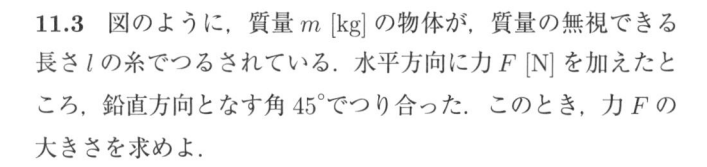

11.3 図のように，質量 m [kg] の物体が，質量の無視できる長さ l の糸でつるされている．水平方向に力 F [N] を加えたところ，鉛直方向となす角 $45°$ でつり合った．このとき，力 F の大きさを求めよ．

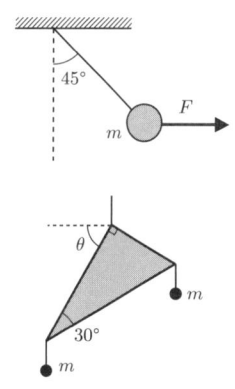

11.4 図のように，1 つの頂点の角度が $30°$ の軽くて丈夫な直角三角形の形状をした板の直角でない 2 つの頂点に，質量 m のおもりを取りつけ，全体を直角の頂点から出ているひもでつるしたところ，角度 θ だけ傾いてつり合った．θ の値を求めよ．

11.5 図のように，質量の無視できる 2 本の糸で両端をつるされた質量 m の一様な棒がある．この棒の左端を力 F [N] で水平方向に引っ張ったところ，棒が水平になり，それぞれの糸と天井とのなす角は図に示すようになった．このとき，力 F の大きさを求めよ．

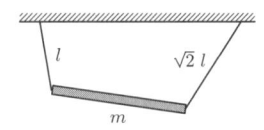

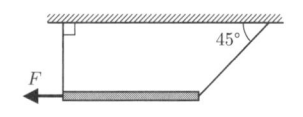

11.6 図のように，半径 R，質量 M の一様な円板を，その中心に力 F を加えて高さ y ($< R$) の階段を引き上げたい．F の条件を求めよ．

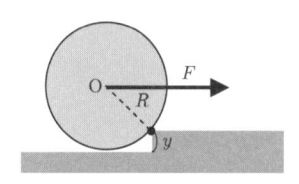

11.7 水平な床の上に太さの均一ではない長さが 1m の棒が置かれている．棒の一端 A を鉛直に持ち上げるのに 30 N の力が必要であった．一方，他端 B を鉛直に持ち上げるのに 15 N の力が必要であった．このとき，棒の質量と A から棒の重心までの距離を求めよ．ただし，重力加速度を 9.8 m/s^2 とする．

12

角 運 動 量

> 学習目標: 角運動量について学び，力のモーメントと角運動量の関係を理解する．

12.1 角 運 動 量

質量 m の物体が，力 $\boldsymbol{F}$ の作用を受けて運動するとき，物体の運動方程式は，

$$\boldsymbol{F} = m\frac{d^2\boldsymbol{r}}{dt^2} = m\ddot{\boldsymbol{r}} \tag{12.1}$$

により与えられる．この式の両辺と位置ベクトル $\boldsymbol{r}$ とのベクトル積を求める．

$$\boldsymbol{r} \times \boldsymbol{F} = m\boldsymbol{r} \times \ddot{\boldsymbol{r}} \tag{12.2}$$

ここで，原点に関する力 $\boldsymbol{F}$ のモーメントを $\boldsymbol{N}$ とし，また

$$\frac{d}{dt}(\boldsymbol{r} \times \dot{\boldsymbol{r}}) = \dot{\boldsymbol{r}} \times \dot{\boldsymbol{r}} + \boldsymbol{r} \times \ddot{\boldsymbol{r}} = \boldsymbol{r} \times \ddot{\boldsymbol{r}} \tag{12.3}$$

を利用すると，(12.2) は次のように書き直せる．

$$\boldsymbol{N} = m\frac{d}{dt}(\boldsymbol{r} \times \dot{\boldsymbol{r}}) = \frac{d}{dt}(\boldsymbol{r} \times \boldsymbol{p}) \tag{12.4}$$

ただし，$\boldsymbol{p} = m\dot{\boldsymbol{r}}$ は物体の運動量である．そこで，$\boldsymbol{r}$ と $\boldsymbol{p}$ のベクトル積を原点 O に関する**角運動量**と定義し，$\boldsymbol{L}$ と表す．したがって，角運動量は，動径 $\boldsymbol{r}$ と運動量 $\boldsymbol{p}$ を含む平面に垂直なベクトルである．すなわち，

$$\boxed{\text{角運動量}\quad \boldsymbol{L} = \boldsymbol{r} \times \boldsymbol{p}} \tag{12.5}$$

である．

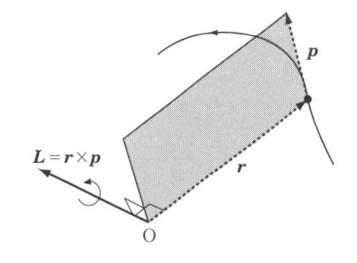

例題 12.1 空間を運動する質量 0.5 kg の物体がある．ある時刻の位置ベクトルを $(-2,3,-1)$ [m]，速度ベクトルを $(1,0,3)$ [m/s] とする．このとき，この物体の原点のまわりの角運動量を求めよ．

[解答]
$$\boldsymbol{L} = \boldsymbol{r} \times \boldsymbol{p}$$
$$= (-2,3,-1) \times 0.5 \cdot (1,0,3) = (4.5, 2.5, -1.5) \; [\text{kg·m}^2/\text{s}].$$

例題 12.2 図のように，質量 0.5 kg の小球が $y = 5$ [m] の直線上を，x-軸に平行に速度 $\boldsymbol{v} = 2\boldsymbol{i}$ で等速直線運動をしている．このとき，以下の問いに答えよ．ただし，$t = 0$ [s] のとき，物体は位置 $(-2,5,0)$ [m] にあるとする．また，$\boldsymbol{i} \times \boldsymbol{j} = \boldsymbol{k}$ を満たすように z-軸の正方向をとる．

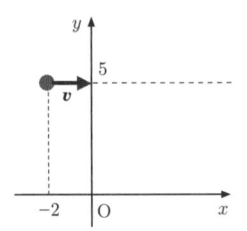

(1) $t = 0$ [s] での小球の原点のまわりの角運動量を求めよ．
(2) 任意の時刻 t における小球の原点のまわりの角運動量を求めよ．

[解答] (1) $t = 0$ [s] のときの原点からの位置ベクトルは $\boldsymbol{r}_0 = (-2,5,0)$ [m] であり，速度ベクトルは $\boldsymbol{v} = (2,0,0)$ [m/s] である．したがって，このときの小球の原点のまわりの角運動量は，

$$\boldsymbol{L} = (-2,5,0) \times 0.5 \cdot (2,0,0) = (0,0,-5) \; [\text{kg·m}^2/\text{s}].$$

(2) 任意の時刻 t における原点からの位置ベクトルは $\boldsymbol{r}_0 = (2t-2, 5, 0)$ [m] である．したがって，このときの小球の原点のまわりの角運動量は，

$$\boldsymbol{L} = (2t-2, 5, 0) \times 0.5 \cdot (2, 0, 0) = (0,0,-5) \; [\text{kg·m}^2/\text{s}].$$

12.2 角運動量保存則

前節の結果より，角運動量と力のモーメントには，次の関係が成り立つ．

$$\boxed{\boldsymbol{N} = \frac{d\boldsymbol{L}}{dt}} \tag{12.6}$$

すなわち，角運動量の変化率は力のモーメントに等しい．この式を回転の運動方程式と呼ぶ．特に，物体に働く力のモーメントが 0 の場合は，

$$\frac{d\boldsymbol{L}}{dt} = \boldsymbol{N} = 0 \quad \rightarrow \quad \boldsymbol{L} = \text{一定} \tag{12.7}$$

すなわち，原点 O に関する角運動量が時間に依存せず保存される．これを**角運動量保存則**という．

12.3 面積速度

例題 12.3 図のように，xy-平面上で，原点 O を中心とする半径 R の円周上を反時計まわりに角速度 ω で等速円運動している質量 m の物体の原点に関するの角運動量は，時間によらず一定であることを示せ．また，その角運動量を求めよ．

[解答] 等速円運動しているので，物体には原点の向きに向心力 $mR\omega^2$ が働く．向心力と位置ベクトルは逆向きなので，物体の原点のまわりの力のモーメントは，

$$N = r \times F = 0$$

となる．よって，回転の運動方程式は，

$$\frac{dL}{dt} = N = 0$$

となり，角運動量が時間によらず一定であることがわかる．

次に，その角運動量を求める．時刻 t での物体の位置ベクトルを $r = (R\cos\varphi, R\sin\varphi, 0)$ とする．速度は，

$$v = \frac{dr}{dt} = (-R\omega\sin\varphi,\ R\omega\cos\varphi,\ 0)$$

と計算される．ここで，$\omega = \dfrac{d\varphi}{dt}$ は円運動の角速度である．したがって，角運動量は，

$$L = mr \times \frac{dr}{dt} = (0,\ 0,\ mR^2\omega)$$

となる．すなわち，L は z-軸の正方向に大きさ $mR^2\omega$ のベクトルである．

12.3 面積速度

角運動量の意味をもう少し深く理解するために，原点 O と速度 $v = \dot{r}$ で運動する物体を結ぶ動径 r が，微小時間 Δt に掃く面の面積 ΔS を計算してみよう．

$$\Delta S = \frac{1}{2}|r||v\Delta t|\sin\theta = \frac{1}{2}|r \times \dot{r}|\Delta t$$
$$= \frac{1}{2m}|mr \times \dot{r}|\Delta t = \frac{1}{2m}|L|\Delta t \quad (12.8)$$

したがって，単位時間当たりに動径が掃く面の面積が変化する割合は

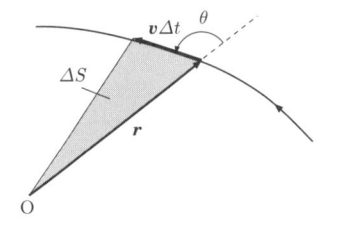

$$\frac{dS}{dt} = \lim_{\Delta t \to 0}\frac{\Delta S}{\Delta t} = \frac{1}{2m}|L| \quad (12.9)$$

となり，角運動量 L を用いて表されることがわかる．これを**面積速度**という．すなわち，動径が単位時間に掃く面の面積は，角運動量の大きさを $2m$ で割ったものに等しい．

例題 12.4 例題 12.3 において，原点のまわりの面積速度が時間によらないことを示せ．また，面積速度を求めよ．

[解答] 例題 12.3 のとき質点の角運動量は一定である．したがって，面積速度と角運動量の関係より，面積速度は一定になる．実際に，

$$\frac{dS}{dt} = \frac{|\boldsymbol{L}|}{2m}$$

を利用すると，

$$\frac{dS}{dt} = \frac{|(0,\ 0,\ mR^2\omega)|}{2m} = \frac{R^2\omega}{2}$$

となり，R も ω も等速円運動では時間によらず一定なので，面積速度は一定である．

12.4　2質点の角運動量

2つの質点 A, B が互いに力を及ぼしながら運動するときの角運動量を考察しよう．A, B それぞれの質量を m_A, m_B，位置ベクトルを $\boldsymbol{r}_A, \boldsymbol{r}_B$ とする．また，2つの質点には内力 $\boldsymbol{F}_{BA}$, $\boldsymbol{F}_{AB}$ の他に外力がそれぞれ $\boldsymbol{F}_A, \boldsymbol{F}_B$ だけ働いているとする．

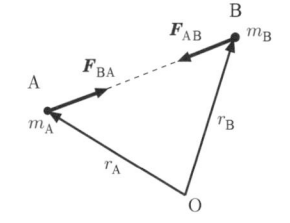

質点 A, B それぞれの運動方程式は，

$$m_A \ddot{\boldsymbol{r}}_A = \boldsymbol{F}_A + \boldsymbol{F}_{BA}, \qquad m_B \ddot{\boldsymbol{r}}_B = \boldsymbol{F}_B + \boldsymbol{F}_{AB} \tag{12.10}$$

により与えられる．この2式の両辺と位置ベクトル $\boldsymbol{r}_A, \boldsymbol{r}_B$ とのベクトル積を求める．

$$\boldsymbol{r}_A \times m_A \ddot{\boldsymbol{r}}_A = \boldsymbol{r}_A \times (\boldsymbol{F}_A + \boldsymbol{F}_{BA}), \qquad \boldsymbol{r}_B \times m_B \ddot{\boldsymbol{r}}_B = \boldsymbol{r}_B \times (\boldsymbol{F}_B + \boldsymbol{F}_{AB}) \tag{12.11}$$

ここで，質点 A, B の原点のまわりの角運動量を $\boldsymbol{L}_A, \boldsymbol{L}_B$ とし，外力 $\boldsymbol{F}_A, \boldsymbol{F}_B$ の原点のまわりの力のモーメントを $\boldsymbol{N}_A, \boldsymbol{N}_B$ とすると，

$$\frac{d\boldsymbol{L}_A}{dt} = \boldsymbol{N}_A + \boldsymbol{r}_A \times \boldsymbol{F}_{BA}, \qquad \frac{d\boldsymbol{L}_B}{dt} = \boldsymbol{N}_B + \boldsymbol{r}_B \times \boldsymbol{F}_{AB} \tag{12.12}$$

となる．この2式の辺々を足し合わせると，

$$\frac{d}{dt}(\boldsymbol{L}_A + \boldsymbol{L}_B) = \boldsymbol{N}_A + \boldsymbol{N}_B + \boldsymbol{r}_A \times \boldsymbol{F}_{BA} + \boldsymbol{r}_B \times \boldsymbol{F}_{AB} \tag{12.13}$$

ところで，作用・反作用の法則から，$\boldsymbol{F}_{AB} + \boldsymbol{F}_{BA} = 0$ なので，

$$\frac{d}{dt}(\boldsymbol{L}_A + \boldsymbol{L}_B) = \boldsymbol{N}_A + \boldsymbol{N}_B + (\boldsymbol{r}_A - \boldsymbol{r}_B) \times \boldsymbol{F}_{BA} \tag{12.14}$$

となる．ここで，$(\boldsymbol{r}_A - \boldsymbol{r}_B)$ と $\boldsymbol{F}_{BA}$ は平行なので，内力による力のモーメントは 0 である．

$$\boxed{\therefore \ \frac{d}{dt}(\boldsymbol{L}_A + \boldsymbol{L}_B) = \boldsymbol{N}_A + \boldsymbol{N}_B} \tag{12.15}$$

12.4 2質点の角運動量

このように，2質点の角運動量の和 (全角運動量) の時間変化は，外力のモーメントの和に等しい．一般に，質点数が増えてもこの関係は変わらない．また，外力のモーメントが 0 であるか総和が 0 のときには，全角運動量は保存される．

例題 12.5 図のように，長さ l の軽くて伸びない棒の両端に取り付けられた2つの質点が，滑らかな xy-平面上の $y = d$ 上を運動している．質点 1, 2 の質量はそれぞれ m_1, m_2 とし，質点 2 には x-軸に平行で大きさが F の力が働いているとする．このとき，以下の問いに答えよ．

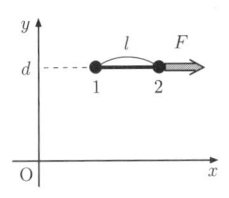

(1) ある時刻 t のときの質点の速さを v として，原点のまわりの全角運動量を求めよ．
(2) ある時刻 t のときの原点のまわりのすべての力のモーメントの和を求めよ．
(3) 回転の方程式を用いて，質点の加速度の大きさを求めよ．

[解答] 紙面手前方向を z-軸の正方向にとる．

(1) 時刻 t のときの質点 1 の位置座標を $(x, d, 0)$ とすると，質点 2 の位置座標は $(x+l, d, 0)$ となる．また，質点 1, 2 の速度は $(v, 0, 0)$ である．よって，原点のまわりの全角運動量は，

$$\begin{aligned} L &= L_1 + L_2 \\ &= (x, d, 0) \times m_1(v, 0, 0) + (x+l, d, 0) \times m_2(v, 0, 0) \\ &= (0, 0, -d(m_1 + m_2)v). \end{aligned}$$

(2) 重力は垂直抗力とつり合っているので，質点 2 に働いている F の力についてだけ考えればよい．したがって，原点のまわりのこの力のモーメントは，

$$N = (x+l, d, 0) \times (F, 0, 0) = (0, 0, -Fd).$$

(3) $\dfrac{d\boldsymbol{L}}{dt} = \boldsymbol{N}$ に代入すると，z-成分について次式が成り立つ．

$$-d(m_1 + m_2)\frac{dv}{dt} = -Fd$$
$$\therefore \frac{dv}{dt} = \frac{F}{m_1 + m_2}.$$

例題 12.6 図のように，天井に固定された滑らかな半径 l の滑車に，軽くて伸びない糸をかけ，その両端に質量がそれぞれ m_1, m_2 $(m_1 > m_2)$ のおもり 1, 2 をつけて静かに放した．すると，おもり 1 は下降し，おもり 2 は上昇した．このとき，おもりの加速度を角運動量を用いて求めよ．

[解答] おもり 1, 2 の速さは等しく，それを v とおく．滑車の軸を原点 O にとり，水平右向きを x-軸方向の正方向，鉛直下向きを y-軸の正方向，紙面奥方向を z-軸の正方向にとる．ある時刻のおもり 1, 2 の y-座標を y_1, y_2 とする．すると，おもり 1 の位置座標は $(-l, y_1, 0)$，速度は $(0, v, 0)$ と表されるので，おもり 1 の O のまわりの角運動量は，

である．

$$L_1 = r_1 \times p_1 = (0, 0, -lm_1v)$$

である．同様に，おもり2のOのまわりの角運動量は，

$$L_2 = r_2 \times p_2 = (0, 0, -lm_2v)$$

である．したがって，Oのまわりの全角運動量は，

$$L = L_1 + L_2 = (0, 0, -(m_1 + m_2)lv)$$

となる．

次に，Oのまわりの力のモーメントについて考える．それぞれのおもりには，重力，張力が働いている．しかし，おもり1, 2の張力のモーメントは相殺する．したがって，Oのまわりの重力のモーメントについて考える．

おもり1に働く重力のOのまわりのモーメントは，

$$N_1 = (-l, y_1, 0) \times (0, m_1g, 0) = (0, 0, -lm_1g)$$

である．同様に，おもり2に働く重力のOのまわりのモーメントは，

$$N_2 = (l, y_2, 0) \times (0, m_2g, 0) = (0, 0, lm_2g)$$

である．したがって，Oのまわりの全モーメントは，

$$N = N_1 + N_2 = (0, 0, -(m_1 - m_2)lg)$$

となる．ここで，角運動量と力のモーメントの関係式 $\dfrac{dL}{dt} = N$ を用いると，

$$\left(0, 0, -(m_1 + m_2)l\dfrac{dv}{dt}\right) = (0, 0, -(m_1 - m_2)lg)$$

となる．すなわち，

$$(m_1 + m_2)l\dfrac{dv}{dt} = (m_1 - m_2)lg \quad \therefore \quad \dfrac{dv}{dt} = \dfrac{m_1 - m_2}{m_1 + m_2}g$$

と求められる（これは，5.1.3項で求めた答えと同じである）．

練習問題 12

12.1 例題12.6において，原点Oのまわりのおもり1, 2に働く張力のモーメントをそれぞれ求め，それらが相殺することを確かめよ．

12.2 質量0.5 kgの質点の時刻tにおける位置ベクトルが$(3, 2t, 0)$ [m] で与えられる．この質点の原点のまわりの角運動量を求めよ．

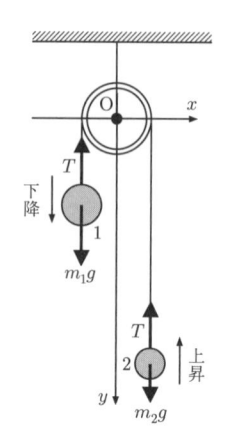

練習問題 12

12.3 xy-平面内を運動する質量 2 kg の質点がある．次の場合，原点のまわりの角運動量を求めよ．

(1) $y = 5$ [m] 上を $v = 5$ [m/s] で等速直線運動している場合

(2) $y = 2x + 5$ [m] 上を $v = 5$ [m/s] で等速直線運動している場合

(3) $x^2 + y^2 = 9$ 上を $v = 5$ [m/s] で左まわりに等速円運動している場合

12.4 図のように，軽くて伸びない長さ l の糸に質量 m のおもりをつけて，単振り子をつくった．単振り子の支点を原点に，鉛直下向きを x-軸の正方向，水平右向きを y-軸の正方向にとる．x-軸と糸とのなす角を θ とし，左まわりを正方向にとる．このとき，以下の問いに答えよ．

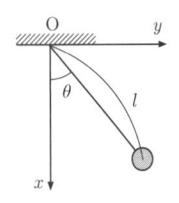

(1) 質点の座標を求めよ．

(2) おもりの原点のまわりの角運動量を求めよ．

(3) おもりの原点のまわりの力のモーメントを求めよ．

(4) 角運動量と力のモーメントの関係を用い，θ に関する方程式を導け．また，θ が小さいとき，単振り子の運動方程式と一致することを示せ．

12.5 図のように，点 O から水平距離 L の点 A より質量 m の質点を自由落下させた．このとき，以下の問いに答えよ．ただし，重力加速度を g とする．

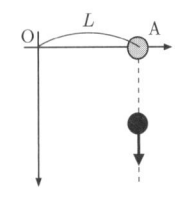

(1) 時刻 t における質点の点 O のまわりの角運動量の大きさを求めよ．

(2) 時刻 t における質点に働く力の点 O のまわりの力のモーメントの大きさを求めよ．

(3) 回転の方程式が成り立つことを確かめよ．

12.6 図のように，滑らかで水平な机の上に質量 2 kg の物体 1 を置く．この物体に軽くて伸びない糸をつけ，机の端に固定され滑らかな半径 0.1 m の滑車 (中心を点 O とする) にかけ，糸の端に質量 3 kg の物体をつるしたところ，物体 1 は滑車の方向に移動し，物体 2 は下降した．このとき，以下の問いに答えよ．ただし，重力加速度を 9.8 m/s^2 とする．また，図のように x, y-軸をとり，$\boldsymbol{i} \times \boldsymbol{j} = \boldsymbol{k}$ を満たすように z-軸の正方向をとる．

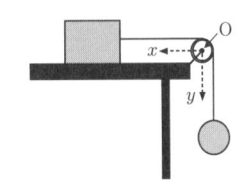

(1) 糸の張力の大きさを T とする．物体 1, 2 に働く張力の点 O に関する力のモーメントをそれぞれ求めよ．

(2) 点 O に関するすべての力のモーメントの和を求めよ．

(3) ある時刻の物体の速さを v とする．時刻 t における点 O に関する全角運動量を求めよ．

(4) 回転の方程式を用いて，物体 1, 2 の加速度の大きさを求めよ．

13
中心力場中の物体の運動

> 学習目標: 中心力の作用を受けた物体の角運動量, 力学的エネルギーを求めることができる.

13.1 中心力

物体に働く力が, 常に空間内のある1点 に向いて作用する, あるいは, ある1点から放射状に外向きに作用するとき, そのような力を中心力と呼ぶ. また, その点を力の中心と呼ぶ. 太陽が地球に及ぼす万有引力は常に太陽の方に向かって働く. また, 水素原子中の電子には常に中心の原子核に向かって静電クーロン力が働く. これらはみな中心力である. もちろん, 等速円運動をしている物体に働く向心力も中心力である.

力の中心が原点 O に一致するとき, 点 r にある物体に働く中心力 $\bm{F}$ は, 常に位置ベクトル $\bm{r}$ に平行かあるいは反平行なので

$$\bm{F} = F\hat{\bm{r}} \tag{13.1}$$

と表すことができる. ここで, $\hat{\bm{r}}$ を r-方向の単位ベクトルとする. $F>0$ のとき, 力は中心に対して外向きの**斥力**となる. 逆に, $F<0$ のとき, 力は中心に向かう**引力**となる.

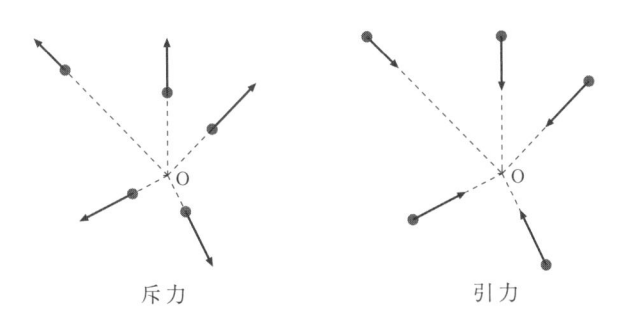

斥力　　　引力

13.2　角運動量保存則と平面運動

中心力 $\boldsymbol{F} = F\hat{\boldsymbol{r}}$ の作用を受けて運動する質量 m の物体を考える．原点 O に関する角運動量 $\boldsymbol{L}$ は，

$$\frac{d\boldsymbol{L}}{dt} = \boldsymbol{N} = \boldsymbol{r} \times \boldsymbol{F}$$
$$= \boldsymbol{r} \times F\hat{\boldsymbol{r}} = F(\boldsymbol{r} \times \hat{\boldsymbol{r}}) = \frac{F}{|\boldsymbol{r}|}(\boldsymbol{r} \times \boldsymbol{r}) = 0 \tag{13.2}$$

となる．すなわち，中心力の作用を受けて運動する物体では**角運動量保存則**が必ず成り立つ．角運動量が一定のときは面積速度も一定であるので，動径が単位時間に掃く面の面積も一定である．

角運動量は $\boldsymbol{L} = \boldsymbol{r} \times m\boldsymbol{v}$ と表されるように，$\boldsymbol{L}$ は $\boldsymbol{r}$, $\boldsymbol{v} = \dot{\boldsymbol{r}}$ の両者に対し，常に垂直である．したがって，角運動量 $\boldsymbol{L}$ が一定のとき，物体は $\boldsymbol{L}$ に垂直な平面内で運動を行う．そのような運動を平面運動という．平面運動の場合，運動平面に垂直な方向の運動は考えなくてよいので，運動の解析が容易になる．

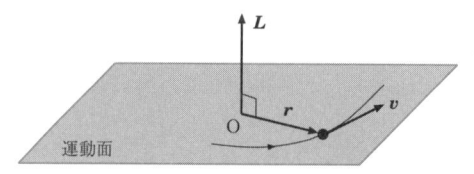

例えば，物体の運動平面が xy-平面に一致するように座標軸を設定すると，角運動量は z-成分のみ値をもち，角運動量保存則は

$$L_z = m(x\dot{y} - y\dot{x}) = 一定 \tag{13.3}$$

と書き表すことができる．

13.3　ポテンシャル

中心力 $\boldsymbol{F} = F\hat{\boldsymbol{r}}$ において，F が原点 (力の中心) O からの距離 $r = |\boldsymbol{r}|$ のみの関数で表される場合の物体の運動について考える．図のように，2 つの経路で物体が点 P から点 Q まで移動する場合の力の仕事を求めてみる．

経路 1 (P $\to$ P$'$ $\to$ Q)

$$W_1 = \int_{P \to P'} \boldsymbol{F} \cdot d\boldsymbol{r} + \int_{P' \to Q} \boldsymbol{F} \cdot d\boldsymbol{r}$$
$$= \int_{P' \to Q} \boldsymbol{F} \cdot d\boldsymbol{r} \tag{13.4}$$

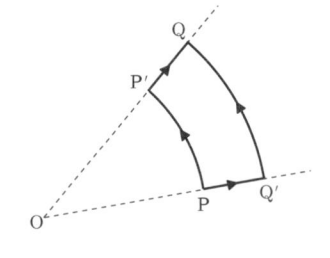

ここで，P $\to$ P$'$ (同一円周上) を移動するときには，中心力と変位は垂直なのでその仕事は 0 となることを利用した．同様に，経路 2 における力の仕事は，

経路 2 (P → Q′ → Q)

$$W_2 = \int_{P \to Q'} \boldsymbol{F} \cdot d\boldsymbol{r} + \int_{Q' \to Q} \boldsymbol{F} \cdot d\boldsymbol{r} = \int_{P \to Q'} \boldsymbol{F} \cdot d\boldsymbol{r} \tag{13.5}$$

となる．ここで，P′ → Q と P → Q′ 間の力の仕事を比較する．力は距離のみの関数なので，経路こそ異なるが，移動の際の物体に働く力と変位の関係はどちらの経路でも全く同じであり，移動の間に力のなす仕事は等しい．つまり，

$$\int_{P' \to Q} \boldsymbol{F} \cdot d\boldsymbol{r} = \int_{P \to Q'} \boldsymbol{F} \cdot d\boldsymbol{r} \quad \therefore \quad W_1 = W_2 \tag{13.6}$$

となり，2つの経路では力のなす仕事は等しい．また，直線的に P → Q と移動する場合にも，変位を動径 (r) 方向と円周方向に分解して考えると，力のなす仕事は上記の場合と等しくなり，一般的に P → Q の移動の際に力のなす仕事は経路によらない．したがって，ポテンシャルを定義することができる．

そこで，ある点 P におけるポテンシャル U を求める．図のように，物体を点 P から半径 r の円弧に沿って点 Q まで移動し，さらに動径に沿って基準点 P_0 まで移動する経路を考えると，ポテンシャルは次のように表される．

$$U = \int_{P \to P_0} \boldsymbol{F} \cdot d\boldsymbol{r} = \int_Q^{P_0} \boldsymbol{F} \cdot d\boldsymbol{r} \tag{13.7}$$

ここで，力は中心からの距離のみの関数 $F(r)$ なので，これは P → Q では変位 $d\boldsymbol{r}$ と垂直である．また，r, r_0 をそれぞれ点 Q，原点から基準点 P_0 までの距離とすると，

$$U(r) = \int_r^{r_0} F(r') \, dr' = -\int_{r_0}^r F(r') \, dr' \tag{13.8}$$

と書き直すことができ，ポテンシャルもまた中心からの距離のみの関数であることがわかる．

13.4 ポテンシャルと力

ポテンシャル $U(r)$ が与えられたとき，中心力を計算する方法を考えよう．8.5 節で学んだように，ポテンシャルと力には以下の関係がある．

$$\boldsymbol{F} = -\left(\boldsymbol{i}\frac{\partial U}{\partial x} + \boldsymbol{j}\frac{\partial U}{\partial y} + \boldsymbol{k}\frac{\partial U}{\partial z}\right) = -\boldsymbol{\nabla} U \tag{13.9}$$

そこでまず，中心力の x-成分を求めよう．$U(r)$ は $r \, (= \sqrt{x^2 + y^2 + z^2})$ のみの関数であるが，r は x に依存するので合成関数の微分の公式を用いて，x に関する U の偏微分を計算する．

$$F_x = -\frac{\partial U(r)}{\partial x} = -\frac{\partial r}{\partial x}\frac{dU(r)}{dr} = -\frac{x}{r}\frac{dU(r)}{dr} = -\left(\frac{dU(r)}{dr}\hat{\boldsymbol{r}}\right)_x \tag{13.10}$$

ここで,
$$\frac{\partial r}{\partial x} = \frac{\partial \sqrt{x^2+y^2+z^2}}{\partial x} = \frac{x}{r} = \left(\frac{\boldsymbol{r}}{r}\right)_x = (\hat{\boldsymbol{r}})_x \tag{13.11}$$
を用いた. y, z-成分も同様にして求める. よって,
$$\boldsymbol{F} = -\nabla U(r) = -\frac{dU(r)}{dr}\hat{\boldsymbol{r}} = F(r)\hat{\boldsymbol{r}} \tag{13.12}$$
を得る. したがって, 中心力の大きさはポテンシャルから
$$\frac{dU(r)}{dr} = -F(r) \tag{13.13}$$
と求めることができる.

13.5 力学的エネルギー保存則

運動量保存則や力学的エネルギー保存則は, 物体の運動を理解する重要な手がかりを与えてくれる. そこで, 中心力の作用を受けて運動する物体の場合に保存する物理量について考えてみよう.

中心力 $\boldsymbol{F} = F(r)\hat{\boldsymbol{r}}$ の作用を受けて運動する質量 m の物体の運動方程式は,
$$m\frac{d^2\boldsymbol{r}}{dt^2} = F(r)\hat{\boldsymbol{r}} \tag{13.14}$$
により与えられる. 力が中心力の場合は, 原点のまわりの角運動量 $\boldsymbol{L} = m\boldsymbol{r} \times \dot{\boldsymbol{r}}$ が保存される. これは運動方程式を用いて次のように直接確かめられる.
$$\frac{d\boldsymbol{L}}{dt} = m\boldsymbol{r} \times \frac{d^2\boldsymbol{r}}{dt^2} = F(r)\boldsymbol{r} \times \hat{\boldsymbol{r}} = 0 \tag{13.15}$$
また, 中心力のポテンシャルを $U(r)$ とすると, 力学的エネルギー保存則が成り立つ. これも次のように確かめられる.
$$\begin{aligned}\frac{d}{dt}\left(\frac{1}{2}m\boldsymbol{v}^2 + U(r)\right) &= m\boldsymbol{v} \cdot \frac{d\boldsymbol{v}}{dt} + \frac{dU(r)}{dr}\frac{dr}{dt} \\ &= \boldsymbol{v} \cdot \left(m\frac{d^2\boldsymbol{r}}{dt^2} - F(r)\hat{\boldsymbol{r}}\right) = 0\end{aligned} \tag{13.16}$$
ここで,
$$F(r) = -\frac{dU(r)}{dr}, \qquad \frac{dr}{dt} = \frac{d(\hat{\boldsymbol{r}} \cdot \boldsymbol{r})}{dt} = \hat{\boldsymbol{r}} \cdot \frac{d\boldsymbol{r}}{dt} = \hat{\boldsymbol{r}} \cdot \boldsymbol{v} \tag{13.17}$$
を用いた. 以上をまとめると,

$$\text{角運動量保存則} \qquad \boldsymbol{L} = m\boldsymbol{r} \times \dot{\boldsymbol{r}} = \text{一定} \tag{13.18}$$
$$\text{力学的エネルギー保存則} \qquad E = \frac{1}{2}m\dot{\boldsymbol{r}}^2 + U(r) = \text{一定} \tag{13.19}$$

13.6 極座標

　直交座標表示では，ある任意の点の座標を x, y-軸からの距離と方向を用いて，(x, y) のように表す．一方，同じ点を原点からの距離 r と x-軸の正方向とのなす角 φ を用いて，(r, φ) のように表すことができる．このような表し方を，極座標表示という．ここで，r を動径，φ を偏角という．直交座標と極座標の間には，

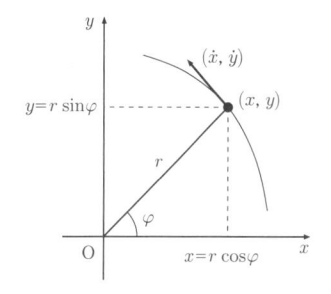

$$x = r\cos\varphi, \qquad y = r\sin\varphi \tag{13.20}$$

が成り立つ．力の大きさやポテンシャルが偏角に依存しないときには，物体の位置を表すのに極座標を用いるのが便利である．また，(13.20) から

$$r = \sqrt{x^2 + y^2}, \qquad \tan\varphi = \frac{y}{x} \tag{13.21}$$

が得られる．

13.7 極座標における速度，加速度

　動径 r と偏角 φ が，物体の平面運動に伴って時間とともに変化する，すなわち時間 t の関数であることに注意して，前節の関係式 (13.20) を時間について微分すると，速度について

$$v_x = \dot{x} = \dot{r}\cos\varphi - (r\sin\varphi)\dot{\varphi}, \qquad v_y = \dot{y} = \dot{r}\sin\varphi + (r\cos\varphi)\dot{\varphi} \tag{13.22}$$

が求まる．したがって，

$$v^2 = \dot{x}^2 + \dot{y}^2 = \dot{r}^2 + r^2\dot{\varphi}^2, \qquad x\dot{y} - y\dot{x} = r^2\dot{\varphi} \tag{13.23}$$

が得られる．さらに，(13.22) を時間についてもう 1 回微分すると，加速度について

$$\begin{aligned}
a_x &= \dot{v}_x = \ddot{x} = (\ddot{r} - r\dot{\varphi}^2)\cos\varphi - (2\dot{r}\dot{\varphi} + r\ddot{\varphi})\sin\varphi, \\
a_y &= \dot{v}_y = \ddot{y} = (\ddot{r} - r\dot{\varphi}^2)\sin\varphi + (2\dot{r}\dot{\varphi} + r\ddot{\varphi})\cos\varphi
\end{aligned} \tag{13.24}$$

が求まる．

　ところで，極座標系でも直交座標系と同様に，互いに直交する基本ベクトル $\bm{e}_r, \bm{e}_\varphi$ を用いて任意のベクトル $\bm{A}$ を

$$\bm{A} = A_r\bm{e}_r + A_\varphi\bm{e}_\varphi \tag{13.25}$$

と表すことができる．ここで，$\bm{e}_r$ は動径方向の単位ベクトルであり，$\bm{e}_\varphi$ は $\bm{e}_r$ に垂直で φ が増加する向きに正方向をとった単位ベクトルである．

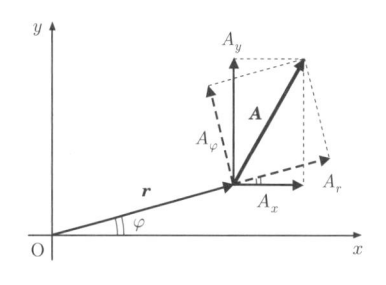

同じベクトル $\boldsymbol{A}$ が直交座標表示で (A_x, A_y) のように表されるとき，(A_x, A_y) と (A_r, A_φ) の関係は，回転行列を用いて，

$$\begin{pmatrix} A_r \\ A_\varphi \end{pmatrix} = \begin{pmatrix} \cos(-\varphi) & -\sin(-\varphi) \\ \sin(-\varphi) & \cos(-\varphi) \end{pmatrix} \begin{pmatrix} A_x \\ A_y \end{pmatrix} \tag{13.26}$$

と表される．これより，次の関係式が得られる．

$$A_r = A_x \cos\varphi + A_y \sin\varphi, \qquad A_\varphi = -A_x \sin\varphi + A_y \cos\varphi \tag{13.27}$$

上式を用いると，速度の極座標成分 v_r, v_φ は，

$$v_r = v_x \cos\varphi + v_y \sin\varphi = \dot{r}, \qquad v_\varphi = -v_x \sin\varphi + v_y \cos\varphi = r\dot{\varphi} \tag{13.28}$$

と表される．同様に，加速度の極座標成分 a_r, a_φ は，

$$\begin{aligned} a_r &= a_x \cos\varphi + a_y \sin\varphi = \ddot{r} - r\dot{\varphi}^2 = \dot{v}_r - \frac{v_\varphi^2}{r}, \\ a_\varphi &= -a_x \sin\varphi + a_y \cos\varphi = r\ddot{\varphi} + 2\dot{r}\dot{\varphi} = \frac{1}{r}\frac{d}{dt}(r^2\dot{\varphi}) = \frac{1}{r}\frac{d}{dt}(rv_\varphi) \end{aligned} \tag{13.29}$$

と表される．

13.8 極座標と平面運動

13.8.1 運動方程式

平面上を運動する質量 m の物体の運動方程式を極座標を用いて考えよう．物体に働く力を $\boldsymbol{F}$ とし，その動径方向，動径と垂直方向の成分をそれぞれ F_r, F_φ とすると，前節で求めた加速度の極座標表示を用いて，運動方程式は，

$$m\left(\dot{v}_r - \frac{v_\varphi^2}{r}\right) = F_r \tag{13.30}$$

$$\frac{1}{r}\frac{d}{dt}(mrv_\varphi) = F_\varphi \tag{13.31}$$

と表される．

13.8.2 運動エネルギーと仕事

極座標の運動方程式 (13.30), (13.31) を次のように書き換える．

$$m\left(\frac{dv_r}{dt} - \frac{v_\varphi^2}{r}\right) = F_r, \qquad m\left(\frac{dv_\varphi}{dt} + \frac{v_r v_\varphi}{r}\right) = F_\varphi \tag{13.32}$$

(13.32) の左式の両辺に v_r，右式の両辺に v_φ を掛けて足し合わせると，

$$m\left(v_r \frac{dv_r}{dt} + v_\varphi \frac{dv_\varphi}{dt}\right) = v_r F_r + v_\varphi F_\varphi \tag{13.33}$$

$$\text{左辺} = \frac{d}{dt}\left(\frac{1}{2}m(v_r^2 + v_\varphi^2)\right) = \frac{d}{dt}\left(\frac{1}{2}mv^2\right), \qquad \text{右辺} = \boldsymbol{F} \cdot \boldsymbol{v} = \boldsymbol{F} \cdot \frac{d\boldsymbol{r}}{dt} \tag{13.34}$$

なので，
$$\frac{d}{dt}\left(\frac{1}{2}mv^2\right) = \boldsymbol{F} \cdot \frac{d\boldsymbol{r}}{dt} \tag{13.35}$$
となる．この両辺を時間について積分することにより，運動エネルギーと仕事の関係式
$$\frac{1}{2}mv_2^2 - \frac{1}{2}mv_1^2 = W \tag{13.36}$$
が得られる．

13.8.3 力のモーメントと角運動量

平面運動をする物体の原点のまわりの力のモーメントは，
$$\begin{aligned}
\boldsymbol{N} &= \boldsymbol{r} \times \boldsymbol{F} = r\boldsymbol{e}_r \times (F_r \boldsymbol{e}_r + F_\varphi \boldsymbol{e}_\varphi) \\
&= rF_r(\boldsymbol{e}_r \times \boldsymbol{e}_r) + rF_\varphi(\boldsymbol{e}_r \times \boldsymbol{e}_\varphi) \\
&= rF_\varphi \boldsymbol{e}_z
\end{aligned} \tag{13.37}$$
となる．ここで，$\boldsymbol{e}_r \times \boldsymbol{e}_r = 0$ であり，$\boldsymbol{e}_r \times \boldsymbol{e}_\varphi = \boldsymbol{e}_z$ を満たすように z-軸を定めた．一方，角運動量は，
$$\begin{aligned}
\boldsymbol{L} &= \boldsymbol{r} \times m\boldsymbol{v} = r\boldsymbol{e}_r \times m(v_r \boldsymbol{e}_r + v_\varphi \boldsymbol{e}_\varphi) \\
&= mrv_r(\boldsymbol{e}_r \times \boldsymbol{e}_r) + mrv_\varphi(\boldsymbol{e}_r \times \boldsymbol{e}_\varphi) \\
&= mrv_\varphi \boldsymbol{e}_z
\end{aligned} \tag{13.38}$$
となる．したがって，$\frac{d\boldsymbol{L}}{dt} = \boldsymbol{N}$ に代入すると，
$$\frac{d}{dt}(mrv_\varphi) = rF_\varphi \tag{13.39}$$
という関係式が導かれる．ところで，極座標における運動方程式 (13.31) の両辺に r を掛けると，
$$\frac{d}{dt}(mrv_\varphi) = rF_\varphi \tag{13.40}$$
となる．すなわち，運動方程式 (13.31) と力のモーメントと角運動量の関係式は同等であることがわかる．

13.9 極座標と中心力場での運動

13.5 節で学んだ中心力場での角運動量保存則と力学的エネルギー保存則を極座標を用いて考えてみよう．中心力なので，$F_\varphi = 0$ を運動方程式 (13.31) に代入すると，
$$\frac{d}{dt}(mrv_\varphi) = 0 \tag{13.41}$$
となり，これは角運動量が保存されることを意味している．

一方，$F_\varphi = 0$ を運動エネルギーと仕事の関係式に代入すると，

$$\frac{1}{2}mv_2^2 - \frac{1}{2}mv_1^2 = W = \int_{t_1}^{t_2} F_r \frac{dr}{dt}\,dt \tag{13.42}$$

となる．中心力についてはポテンシャルが定義できるので，

$$U(r) = -\int_{r_0}^{r} F_r\,dr \tag{13.43}$$

を用いると，

$$\frac{1}{2}mv_2^2 + U(r_2) = \frac{1}{2}mv_1^2 + U(r_1) \tag{13.44}$$

となり，力学的エネルギー保存則が導かれる．

したがって，力学的エネルギー保存則と角運動量保存則は極座標を用いて，次のように表すことができる．

力学的エネルギー保存則	$\frac{1}{2}m(\dot{r}^2 + r^2\dot{\varphi}^2) + U(r) = E = $ 一定	(13.45)
角運動量保存則	$mr^2\dot{\varphi} = L = $ 一定	(13.46)

ただし，速さの極座標表示 $v^2 = v_r^2 + v_\varphi^2 = \dot{r}^2 + r^2\dot{\varphi}^2$ を利用した．

練習問題 13

13.1 中心力 $\boldsymbol{F} = -k\boldsymbol{r}$ のポテンシャルを求めよ．ただし，力の中心をポテンシャルの基準点に選ぶ．

13.2 次のようにポテンシャルが距離 r の関数で与えられているとき，中心力を求めよ．

(1) $U = \frac{1}{2}kr^2$ （k は定数）

(2) $U = \frac{g}{\mu}(1 - e^{-\mu r})$ （u, g は定数）

13.3 xy-平面上を運動する質量 m の物体のある時刻 t における位置を，$x(t) = a\cos\omega t$, $y(t) = b\sin\omega t$ （a, b, ω は定数）とする．このとき，以下の問いに答えよ．

(1) 物体の軌道を求めよ．また，この軌道はどのような図形か調べよ．

(2) 原点のまわりの角運動量を求めよ．

(3) 物体には中心力が働いていることを示せ．

13.4 大きさが中心からの距離の 2 乗に反比例する中心力

$$F(\boldsymbol{r}) = -\frac{k}{r^2}\hat{\boldsymbol{r}} \quad (k \text{ は定数})$$

を受けて等速円運動する質点の力学的エネルギーは，ポテンシャルエネルギーの半分であることを示せ．

練習問題 13

13.5 図のように，滑らかな水平面の点 O に長さ l の軽くて伸びない糸を結び，糸の他端に質量 m の質点をつけ，質点を速さ v で等速円運動させる．この運動の最中に，点 O より $\frac{3}{4}l$ の点 A に大きさの無視できる杭を打ったところ，質点は点 A を中心に等速円運動を始めた．このときの質点の速さを求めよ．

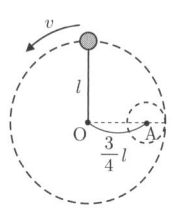

13.6 平面上を運動している物体のある時刻 t における位置座標が，
$$x(t) = R\cos\omega t, \qquad y(t) = R\sin\omega t \qquad (R, \omega \text{ は定数})$$
で与えられるとき，ある時刻における速度，加速度の極座標成分 $v_r, v_\varphi, a_r, a_\varphi$ を求めよ．

13.7 質量 m の物体が中心力を受けて運動している．ある位置 $\boldsymbol{r}$ における中心力は，動径方向の速度 v_φ を用いて
$$F = -\frac{mv_\varphi^2}{r}\frac{\boldsymbol{r}}{|\boldsymbol{r}|}$$
と表される．この物体の初速度が $(v_r, v_\varphi) = (0, v_0)$ のとき，物体はどのような運動をするか調べよ．

13.8 ポテンシャルが原点からの距離 r の関数として
$$U = \frac{1}{2}kr^2 \qquad (k \text{ は正の定数})$$
により与えられる質量 m の物体の運動を考える．初期条件が $r(0) = a, \varphi(0) = 0, \dot{r}(0) = 0, \dot{\varphi}(0) = \omega$ のとき，力学的エネルギー保存則と角運動量保存則を極座標を用いて書き表せ．

13.9 原点を力の中心とする中心力の作用を受けて，xy-平面内を運動する質量 m の物体が最も原点に接近するときの原点との距離を a，速さを V とする．このとき，以下の問いに答えよ．

(1) 最も原点に接近するときの速度の極座標成分 v_r, v_φ を求めよ．
(2) 運動している物体がもっている角運動量の大きさを求めよ．
(3) 物体が原点から距離 $2a$ のところで運動しているときの v_φ を求めよ．

付　録

A.1　単位と次元

物理量は長さ，時間，質量といった基本的な量を用いて表されるが，これらの量を数値で表すために，単位を決める必要がある．現在，最も広く使われているのは国際単位系 (SI 単位系) で，メートル，キログラム，秒，アンペア，ケルビン，モル，カンデラの7つの単位を基本単位として構成されている．基本単位を組み合わせてつくられた組立単位も使用される．力を表すニュートン (N)，エネルギーを表すジュール (J) などは組立単位である．

上で述べたように，物理量は長さ，時間，質量といった基本的な量を用いて表される．例えば，力は

$$\text{力} = \frac{\text{質量} \times \text{長さ}}{(\text{時間})^2}$$

と表され，これは採用する単位系には依存しない．このように，物理量を長さ，時間，質量を用いてそれらの累乗の積の形式で表したものを**次元**という．物理量 Q の次元を $[Q]$ で表すと，長さ L，時間 T，質量 M の次元は，それぞれ $[L], [T], [M]$ と表される．

$$[\text{速度}] = \frac{[L]}{[T]}, \qquad [\text{加速度}] = \frac{[L]}{[T]^2}, \qquad [\text{エネルギー}] = \frac{[M][L]^2}{[T]^2}, \qquad \cdots$$

すべての物理量は，固有の次元をもっており，特に等式で結ばれた物理量は等しい次元をもたなければならない．このことに着目して，物理量が方程式に現れるパラメータにどのように依存するかを知ることができる．

[例題]　小さな振幅の単振り子の振動の周期は，重力加速度 g と振り子の長さ l だけで表される．単振動の周期 τ が，g と l にどのように依存するか．

[解答]　周期 τ は $\tau = c g^\alpha l^\beta$ と書くことができる．ここで，c は無次元の数係数である．次元解析を行うと，

$$[T] = \frac{[L]^\alpha}{[T]^{2\alpha}} [L]^\beta = [L]^{\alpha+\beta} [T]^{-2\alpha}$$

より，$\alpha + \beta = 0, \; -2\alpha = 1$ を得る．よって，$\alpha = -\frac{1}{2}, \; \beta = \frac{1}{2}$ を得る．したがって，

$$\tau = c\sqrt{\frac{l}{g}}$$

となる．

A.2 三角関数

原点 O を中心とする半径 r の円周上の点 P の座標を (x,y) とする.また,点 Q の座標を $(r,0)$ とする.原点と P を結ぶ動径 r が x-軸となす角 θ は,反時計まわりの向きを正として,

$$\theta = \frac{\widehat{\mathrm{QP}}}{r}$$

により定義される.

角 θ の取り得る値を $-\pi$ と π の間に制限しないで,任意の実数の値をとると考えるのが便利である.ただし,$\theta, \theta \pm 2\pi, \theta \pm 4\pi, \cdots$ に対する点 P の座標 (x,y) は,すべて同じとなる.

角 θ に対する余弦 (cos), 正弦 (sin), 正接 (tan) を

$$\cos\theta = \frac{x}{r}, \qquad \sin\theta = \frac{y}{r}, \qquad \tan\theta = \frac{y}{x}$$

により定義すると,それらの間には次の関係が成り立つ.

$$\cos^2\theta + \sin^2\theta = 1$$

$$\tan\theta = \frac{\sin\theta}{\cos\theta}$$

定義から,$\cos\theta, \sin\theta$ は 2π を周期とする周期関数である.また,$\tan\theta$ の周期は π である.

$$\cos(\theta + 2\pi) = \cos\theta$$

$$\sin(\theta + 2\pi) = \sin\theta$$

$$\tan(\theta + \pi) = \tan\theta$$

三角関数のグラフ

ここでは,角度を表す変数を x として,関数 $y = \cos x$, $y = \sin x$, $y = \tan x$ のグラフを与えておく.

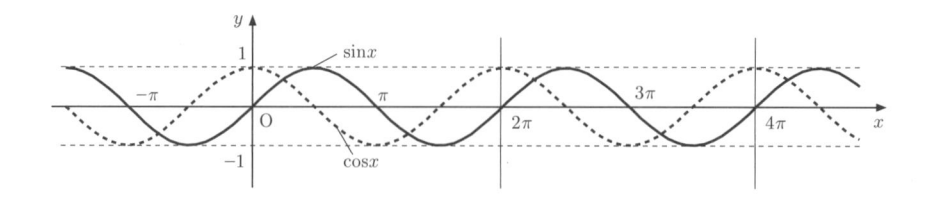

A.2 三角関数

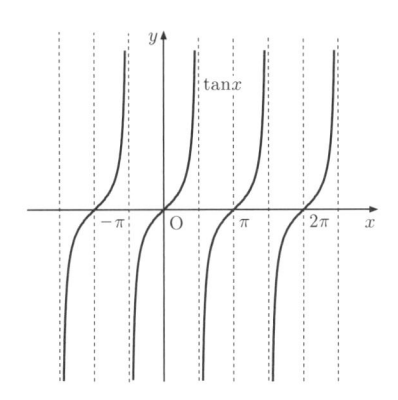

加法定理

三角関数は次の加法定理を満たす．

$$\cos(x \pm y) = \cos x \cos y \mp \sin x \sin y$$

$$\sin(x \pm y) = \sin x \cos y \pm \cos x \sin y$$

$$\tan(x \pm y) = \frac{\tan x \pm \tan y}{1 \mp \tan x \tan y}$$

以下の公式も有用である．これらはいずれも加法定理から容易に導かれる．

倍角の公式

$$\cos 2\theta = \cos^2 \theta - \sin^2 \theta = 2\cos^2 \theta - 1 = 1 - 2\sin^2 \theta$$

$$\sin 2\theta = 2 \sin \theta \cos \theta$$

$$\tan 2\theta = \frac{2 \tan \theta}{1 - \tan^2 \theta}$$

半角の公式

$$\cos^2 \frac{\theta}{2} = \frac{1 + \cos \theta}{2}, \qquad \sin^2 \frac{\theta}{2} = \frac{1 - \cos \theta}{2}, \qquad \tan^2 \frac{\theta}{2} = \frac{1 - \cos \theta}{1 + \cos \theta}$$

和と差の公式

$$\cos A + \cos B = 2 \cos \frac{A+B}{2} \cos \frac{A-B}{2}$$

$$\cos A - \cos B = -2 \sin \frac{A+B}{2} \sin \frac{A-B}{2}$$

$$\sin A + \sin B = 2 \sin \frac{A+B}{2} \cos \frac{A-B}{2}$$

$$\sin A - \sin B = 2 \cos \frac{A+B}{2} \sin \frac{A-B}{2}$$

A.3 指数関数，対数関数

指数関数 $y = e^x$ $(e = 2.7182818\cdots)$ は，次の性質を満たす．

$$e^0 = 1, \qquad e^{x+y} = e^x e^y$$

$y = e^x$ は，任意の実数 x に対して正の値をとり，下に凸の単調増加関数である．また，$y = e^{-x}$ は，下に凸の単調減少関数である．これらの関数のグラフを次図に示す．

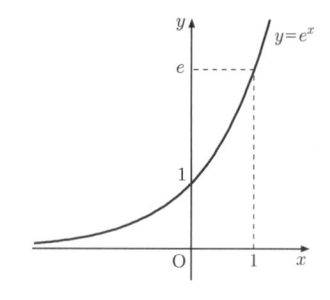

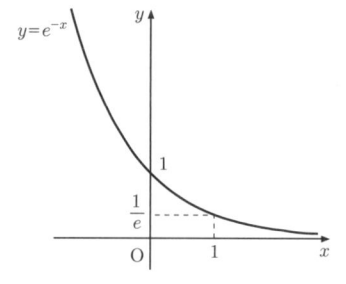

$y = e^x$ の逆関数として対数関数 $y = \log x$ が定義される．すなわち，

$$\log e^x = x, \qquad e^{\log x} = x$$

指数関数の値域は正の実数なので，対数関数 $\log x$ は，正の実数 x に対して定義される．対数関数は，次の関係を満たす．

$$\log 1 = 0, \qquad \log e = 1$$
$$\log xy = \log x + \log y$$
$$\log \frac{x}{y} = \log x - \log y \qquad (x, y > 0)$$

対数関数 $y = \log x$ のグラフは，指数関数 $y = e^x$ のグラフを直線 $y = x$ に関して折り返したものである．

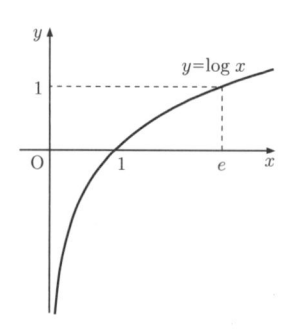

A.4 微　　分

(1) 導関数

関数 $y = f(x)$ の導関数 $f'(x)$ は，

$$f'(x) = \lim_{h \to 0} \frac{f(x+h) - f(x)}{h}$$

により定義される．導関数の $x = a$ での値 $f'(a)$ は，$y = f(x)$ のグラフが表す曲線上の点 $(a, f(a))$ における接線の傾きを表す．

関数 $f(x)$ と $g(x)$ の積の微分は，

$$(f(x)g(x))' = f'(x)g(x) + f(x)g'(x)$$

により計算される．これは，微分のライプニッツ則と呼ばれる．関数の商の微分は，

$$\left(\frac{f(x)}{g(x)}\right)' = \frac{f'(x)g(x) - f(x)g'(x)}{(g(x))^2}$$

である．

合成関数 $f(g(x))$ の微分は，$u = g(x)$ として

$$\frac{d}{dx}f(g(x)) = \frac{df(u)}{du}\frac{du}{dx} = f'(g(x))g'(x)$$

と計算される．ここで，$f'(g(x))$ は，u の関数として $f(u)$ を微分して得られる $f(u)$ の導関数 $f'(u)$ と $u = g(x)$ を合成して得られる関数を表す．

関数 $f(x)$ の逆関数 $y = f^{-1}(x)$ の導関数は，次のように計算される．$y = f^{-1}(x)$ とすると，$f(y) = f(f^{-1}(x)) = x$ である．この両辺を x で微分すると，

$$\frac{df(y)}{dx} = \frac{df(y)}{dy}\frac{dy}{dx} = 1$$

したがって，

$$\frac{dy}{dx} = \frac{1}{f'(y)}$$

となる．

(2) 初等関数の導関数

基本的な初等関数の導関数の公式をまとめておく．

$$(x^\alpha)' = \alpha x^{\alpha - 1}$$

$$(\cos x)' = -\sin x, \qquad (\sin x)' = \cos x, \qquad (\tan x)' = \sec^2 x = \frac{1}{\cos^2 x}$$

$$(\cos^{-1} x)' = -\frac{1}{\sqrt{1-x^2}}, \qquad (\sin^{-1} x)' = \frac{1}{\sqrt{1-x^2}}, \qquad (\tan^{-1} x)' = \frac{1}{1+x^2}$$

$$(e^x)' = e^x$$

$$(\log |x|)' = \frac{1}{x}$$

A.5 積　分

(1) 不定積分

関数 $f(x)$ を導関数としてもつ関数 $F(x)$ を $f(x)$ の**原始関数**という．すなわち，

$$\frac{dF(x)}{dx} = f(x)$$

である．定数は微分すると消えてしまうので，原始関数に任意の定数 C を加えたものも原始関数である．そこで，関数 $f(x)$ の不定積分を

$$\int f(x)\,dx = F(x) + C$$

により定義する．

基本的な初等関数の不定積分を以下にあげておく．

$$\int x^\alpha\,dx = \frac{x^{\alpha+1}}{\alpha+1} + C \quad (\alpha \neq -1), \qquad \int \frac{dx}{x} = \log|x| + C$$

$$\int \cos x\,dx = \sin x + C, \qquad \int \sin x\,dx = -\cos x + C$$

$$\int e^x\,dx = e^x + C$$

部分積分

$f'(x)g(x) = (f(x)g(x))' - f(x)g'(x)$ より，次の部分積分の公式が成り立つ．

$$\int f'(x)g(x)\,dx = f(x)g(x) - \int f(x)g'(x)\,dx$$

例えば，対数関数の不定積分は，部分積分の方法を用いて求めることができる．

$$\begin{aligned}
\int \log|x|\,dx &= \int (x)' \log|x|\,dx \\
&= x\log|x| - \int x(\log|x|)'\,dx \\
&= x\log|x| - \int dx \\
&= x\log|x| - x + C
\end{aligned}$$

置換積分

関数 $y = f(x)$ において，$x = g(t)$ と置換すると，$f(x)$ の x に関する不定積分は次のように，t に関する不定積分に書くことができる．

$$\int f(x)\,dx = \int f(g(t))\frac{dg(t)}{dt}\,dt$$

実際，$F(x)$ を $f(x)$ の原始関数とすると，$F'(x) = f(x)$ に注意すると

$$\text{右辺} = \int F'(g(t))\frac{dg(t)}{dt}\,dt = \int \frac{d}{dt}F(g(t))\,dt = F(g(t)) + C = F(x) + C = \text{左辺}$$

となる．

A.5 積　分

(2) 定積分

正の整数 N，関数 $y = f(x)$ に対して，次のような和 S_N を定義する．

$$S_N = \sum_{k=0}^{N-1} f\left(a + \frac{k(b-a)}{N}\right) \frac{b-a}{N}$$

$a < b$ で，区間 $[a,b]$ において $f(x) \geq 0$ のとき，S_N は左側の図の灰色部分の面積に等しい．

N を大きくし，区間の分割を細かくしていくと，S_N は関数 $y = f(x)$ が区間 $[a,b]$ において x-軸と囲む面積 S の値に近づき，$N \to \infty$ の極限で，S_N は S に収束する．関数 $f(x)$ が区間 $[a,b]$ 上で正負両方の値をとるとき，S_N は $N \to \infty$ の極限で，関数 $y = f(x)$ の x-軸より上につき出た部分と x-軸が囲む部分の面積から，x-軸より下につき出た部分と x-軸が囲む部分の面積を引いた値に収束する．

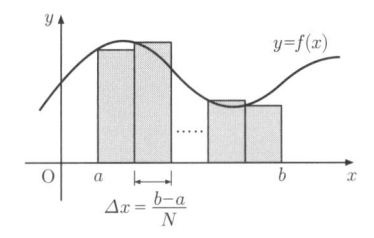

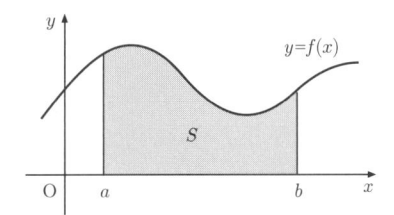

一般に，S_N の $N \to \infty$ の極限を $\int_a^b f(x)\,dx$ で表す．これを，関数 $f(x)$ の $x = a$ から $x = b$ までの**定積分**という．すなわち，

$$\int_a^b f(x)\,dx = \lim_{N \to \infty} \sum_{k=0}^{N-1} f\left(a + \frac{k(b-a)}{N}\right) \frac{b-a}{N}$$

a, b はそれぞれ積分の**下端**と**上端**といい，$a < b$ を満たす必要はない．

関数 $f(x)$ の原始関数 $F(x)$ と定積分との間には，次の関係が成り立つ．

$$\int_a^b f(x)\,dx = \Big[F(x)\Big]_a^b = F(b) - F(a)$$

これを**微分積分学の基本定理**という．

この定理は重要なので直観的な証明を与えておく．

簡単のために，区間 $[a,b]$ で $f(x) > 0$ と仮定し，$y = f(x)$ のグラフと x-軸が区間 $[a,x]$ 上で囲む面積を $S(x)$ とする．ここで，x は区間 $[a,b]$ 上の任意の点である．$S(x)$ は x の関数である．いま，x を微小な値 Δx だけ増加させたときの $S(x)$ の変化は，$S(x + \Delta x) - S(x)$ である．また，$f(x)$ が，x から Δx 増加する間の $f(x)$ が最大となる x の値を x_M，最小と

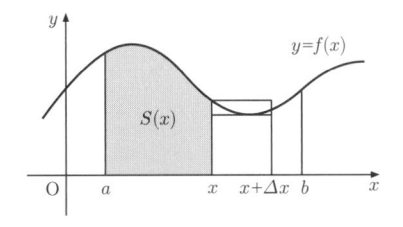

なる値を x_m とする．このとき，図より，次の不等式が成り立つ．

$$f(x_m)\Delta x \leq S(x+\Delta x) - S(x) \leq f(x_M)\Delta x$$

すなわち，

$$f(x_m) \leq \frac{S(x+\Delta x) - S(x)}{\Delta x} \leq f(x_M)$$

ここで，$\Delta x \to 0$ の極限で，$f(x_m), f(x_M) \to f(x)$，また，

$$\frac{S(x+\Delta x) - S(x)}{\Delta x} \to S'(x)$$

より

$$S'(x) = f(x)$$

を得る．これは，$S(x)$ が $f(x)$ の原始関数であることを意味する．$S(x)$ と $F(x)$ の差は，定数なのでそれを c とすると，$S(x) = F(x) + c$ である．よって，

$$\int_a^b f(x)\,dx = S(b) - S(a) = F(b) - F(a)$$

が導かれる．

関数 $y = f(x)$ において $x = g(t)$ と置換する．ここで，$g(t)$ は $g(\alpha) = a, g(\beta) = b$ を満たす t の値 α, β を含む区間で，連続で滑らかとする．このとき，次の置換積分の公式が成り立つ．

$$\int_a^b f(x)\,dx = \int_\alpha^\beta f(g(t))\frac{dg(t)}{dt}\,dt$$

(3) 線積分

曲線に沿って積分することを**線積分**という．

簡単のために，2次元平面内の曲線に沿った線積分を考える．例えば，図のような点Aと点Bを結ぶ曲線 C が与えられたとき，関数 $f(\boldsymbol{r})$ の曲線 C に沿った線積分は，

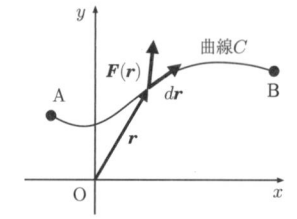

$$I = \int_C f(\boldsymbol{r})\,d\boldsymbol{r}$$

と表される．ここで，$\boldsymbol{r} = (x, y)$, $f(\boldsymbol{r}) = (f_x, f_y)$ とすると，

$$I = \int_C f(\boldsymbol{r})\,d\boldsymbol{r} = \int_C (f_x\,dx + f_y\,dy)$$

が得られる．さらに，(x, y) がある変数 t ($a \leq t \leq b$) を用いて表せたとすると，

$$I = \int_a^b \left(f_x \frac{dx}{dt} + f_y \frac{dy}{dt}\right) dt$$

と表される．一般的な1変数関数の定積分

$$\int_a^b f(x)\,dx$$

は，x-軸上の線分に沿った線積分といえる．

A.6 簡単な微分方程式の解法
(1) 曲線と微分方程式

指数関数 $y = Ce^{\lambda x}$ (C, λ はある定数) は，$y' = \lambda Ce^{\lambda x}$ より，関数 y とその導関数 y' が定数 C の値によらず

$$y' = \lambda y$$

の関係を満たす．このような式を微分方程式という．図の曲線は，C の値をいろいろと変えて関数を描いたものである．これらの曲線上の任意の点を通る接線の傾きと，接点の y-座標との比は，どこでも一定で λ に等しいことをこの微分方程式は意味している．

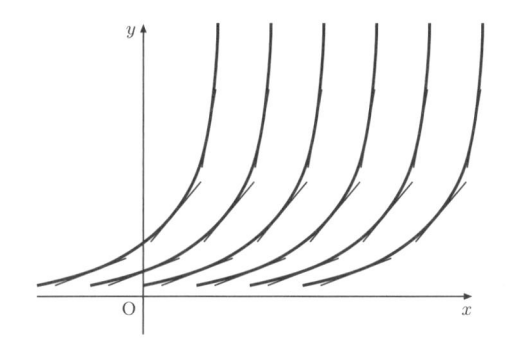

原点を中心とする半径 r の円の方程式 $x^2 + y^2 = r^2$ の両辺を，x で微分することで

$$x + yy' = 0$$

を得る．これも微分方程式である．これは，円周上の任意の点 (x, y) とその点を通る接線の傾き y' が，半径の値によらずに満たすべき関係である．その幾何学的意味は，この方程式を

$$\frac{y}{x}y' = -1$$

と変形すると容易に理解できる．すなわち，原点を中心とする円の場合，点 (x, y) を通る接線は，原点と点 (x, y) を結ぶ直線に直交するので，これらの直線の傾きの積が -1 になることをこの微分方程式は述べているに過ぎない．

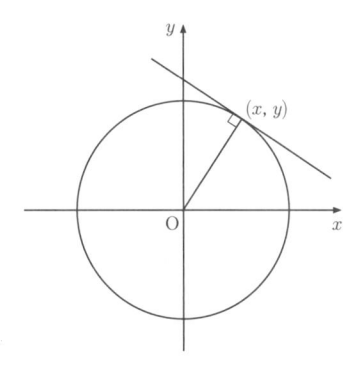

上の 2 つの例のように，関数 y 上の任意の点 (x,y) における接線の傾き y' が，ある関数 $F(x,y)$ を用いて

$$y' = F(x,y)$$

のように表されるとき，x, y, y' の満たすこのような方程式を，y に関する微分方程式という．未知関数 y が 1 つの変数 x のみに依存する場合，特に常微分方程式という．より一般的に，$x, y, y', y'', \cdots, y^{(n)}$ がある関数 G を用いて

$$G(x, y, y', y'', \cdots, y^{(n)}) = 0$$

のように表されるとき，y は n 階常微分方程式を満たすという．

与えられた微分方程式を満たす関数 y を**解**，微分方程式の解を求めることを，微分と逆の操作が必要なことから，**積分する**という．1 階常微分方程式の解で，任意定数 (積分定数) を 1 個含む解は**一般解**という．一般に，n 階常微分方程式の一般解は，n 個の任意定数を含む．

例えば，ニュートンの運動方程式

$$m\ddot{x} = F$$

は，微分方程式の言葉を用いると，座標 x を未知関数，時間 t を変数とする 2 階常微分方程式である．その一般解は，2 個の任意定数を含む．それらは，任意の時刻 $t = t_0$ における位置座標 $x(t_0)$ と速度 $\dot{x}(t_0)$ を与えることで決まる．

(2) 自然に現れる微分方程式

自然科学や工学などでは，物理量の変化する様子を記述するのに微分方程式が用いられる．その一例として，放射性元素の崩壊について考えてみよう．

自然界に存在する元素の中には，ガンマ線やベータ線を放出してより安定な元素に崩壊するものが存在する．そのような元素は放射性元素と呼ばれる．放射性元素が単位時間当たりに崩壊する量は，その時刻における放射性元素の量に比例する．このことを微分方程式を用いて表現してみよう．

いま，時刻 t における放射性元素の数を $N(t)$ とする．時刻が t から微小な時間 Δt 経過する間に崩壊する元素の数 $N(t) - N(t + \Delta t)$ は，$N(t)$ と時間間隔 Δt の積に比例する．比例定数を λ とすると

$$N(t) - N(t + \Delta t) \approx \lambda N(t) \Delta t$$

ここで，$\approx$ は，有限の時間間隔 Δt に対しては近似的に成り立つ関係であることを表している．時間間隔 Δt を 0 に近づけると近似の精度は増し，極限 $\Delta \to 0$ において厳密に成り立つ関係となる．すなわち，

$$\lim_{\Delta t \to 0} \frac{N(t + \Delta t) - N(t)}{\Delta t} = -\lambda N(t)$$

である．上式の左辺は，$N(t)$ の変化率 $\dfrac{dN(t)}{dt}$ に等しいので

A.6 簡単な微分方程式の解法

$$\frac{dN(t)}{dt} = -\lambda N(t)$$

を得る．これは，$N(t)$ に関する1階微分方程式である．注意したいのは，この方程式が，時刻 t における放射性元素の数 $N(t)$ とその変化率 $\frac{dN(t)}{dt}$ で書かれていて，それ以前にどれだけの放射性元素が存在していたか知らなくてよいということである．任意の時刻における $N(t)$ は，この微分方程式を満たす解を見つけることで得られる．

(3) 変数分離型の微分方程式

1階常微分方程式で，簡単に積分することができるものに，**変数分離型**とよばれる型の方程式がある．

y を x を変数とする関数とし，その導関数が x だけの関数 $f(x)$ と y だけの関数 $g(y)$ の積で書けるとき，すなわち，1階常微分方程式

$$\frac{dy}{dx} = f(x)g(y)$$

を満たすとき，この方程式は**分離型** (separable form) であるという．この方程式の両辺に $\frac{dx}{g(y)}$ を掛けて，両辺を積分すると

$$\int \frac{1}{g(y)} \frac{dy}{dx} dx = \int f(x)\,dx + C$$

と変形できる．左辺は置換積分の公式を用いると

$$\int \frac{1}{g(y)} \frac{dy}{dx} dx = \int \frac{dy}{g(y)}$$

と変形することができる．したがって，

$$\int \frac{dy}{g(y)} = \int f(x)\,dx + C$$

を得る．ここで，C は任意の積分定数である．<u>左辺は y の関数，右辺は x の関数である</u>．これを y について解くことで微分方程式の解が得られる．

導関数 $\frac{dy}{dx}$ は，dy を dx で割ったものと考えることができる．dx, dy を，それぞれ x と y の微分という．微分記号 d について，次の公式が成り立つことは明らかであろう．

$$d(xy) = y\,dx + x\,dy, \qquad df(x) = f'(x)\,dx, \quad \cdots$$

微分記号をこのように柔軟に使用することで計算を楽に行うことができる．

例えば，前述した分離型の微分方程式は
$$\frac{dy}{g(y)} = f(x)\,dx$$
と書くことができる．上式の左辺が y と y の微分 dy だけで，右辺が x と x の微分 dx だけで書かれているので，両辺を積分することで前頁に述べた解が得られる．

［例］　$y' = -2xy$
$$\frac{dy}{dx} = -2xy \quad \rightarrow \quad \frac{dy}{y} = -2x\,dx$$
$$\int \frac{dy}{y} = -2 \int x\,dx \quad \rightarrow \quad \log|y| = -x^2 + c$$
したがって，解
$$y = Ce^{-x^2} \qquad (C = \pm e^c)$$
が得られる．この関数が微分方程式を満たすことは容易に確かめられる．

ここで，高次微分について注意しておく．上で，$\dfrac{dy}{dx}$ は dy を dx で割算したものとみなしてよいと述べたが，これは高次微分ではあてはまらない．例えば，$\dfrac{d^2y}{dx^2}$ は d^2y を dx^2 で割算したものではない．つまり，関数 $u = \dfrac{dy}{dx}$ の微分 du を dx で割ったものと考えるのが正しい．

変数分離型に帰着される微分方程式

変数変換で分離型の方程式に帰着される微分方程式として
$$y' = f\left(\frac{y}{x}\right)$$
がある．新しい変数 $z = \dfrac{y}{x}$ とすると $y = xz$ より
$$\frac{dy}{dx} = z + x\frac{dz}{dx}$$
また，
$$\frac{dy}{dx} = f\left(\frac{y}{x}\right) = f(z)$$
より
$$z + x\frac{dz}{dx} = f(z) \quad \text{すなわち} \quad \frac{dz}{f(z) - z} = \frac{dx}{x}$$
したがって，一般解
$$\int \frac{dz}{f(z) - z} = \log|x| + C$$
が得られる．

A.6　簡単な微分方程式の解法

［ 例 ］　$y' = \dfrac{y-x}{x}$

$$y = xz \quad \rightarrow \quad y' = z + x\dfrac{dz}{dx} = z - 1$$

$$dz = -\dfrac{dx}{x} \quad \rightarrow \quad \int dz = -\int \dfrac{dx}{x} + C$$

したがって,

$$z = \dfrac{y}{x} = -\log|x| + C \quad \rightarrow \quad y = x(C - \log|x|) \qquad (C \text{ は積分定数})$$

が得られる.

練習問題解答

1. 質点の直線運動 (位置・速度・加速度)

1.1 $x(t) = a + v_0 t$

1.2 $v = -A\omega \sin\omega t, \quad a = -A\omega^2 \cos\omega t$

1.3 (2), (3)

注意: 停止とは，一定時間以上静止した状態とする．

1.4 例題 1.4 より，$v(5) = 4$ [m/s]，$x(5) = 12$ [m].

$$\Delta v = v(9) - v(5) = \int_5^9 a\,dt = \int_8^9 (-4)\,dt = -4 \quad \therefore\ v(9) = 0\ [\text{m/s}]$$

$$\Delta x = x(9) - x(5) = \int_5^9 v\,dt = \int_5^8 4\,dt + \int_8^9 \{-4(t-9)\}\,dt = 14$$

$$\therefore\ x(9) = 26\ [\text{m}]$$

2. ベクトルと 2 次元・3 次元の運動

2.1 $\boldsymbol{A}\cdot\boldsymbol{B} = |\boldsymbol{A}||\boldsymbol{B}|\cos\theta$ を利用する． $\theta = \cos^{-1}\dfrac{2}{\sqrt{10}} \fallingdotseq 50.8°$

2.2 最高点に到達する時刻は，最高点では y-軸方向の速度 $v_y = 0$ となることを利用する．
$$x = \frac{V^2 \sin 2\theta}{2g},\ y = \frac{V^2 \sin^2\theta}{2g}$$

2.3 $a_x = \dfrac{d^2 x}{dt^2} = -R\omega^2 \cos\omega t,\ a_y = \dfrac{d^2 y}{dt^2} = -R\omega^2 \sin\omega t = a_z = \dfrac{d^2 z}{dt^2}$

2.4 $v_x = \dfrac{dx}{dt} = -a\sin t,\ v_y = \dfrac{dy}{dt} = a\cos t \quad \therefore\ L = \int_0^{2\pi} \sqrt{v_x^2 + v_y^2}\,dt = 2\pi a$

3. 力と運動の 3 法則

3.1 磁石に働く力は，磁力，垂直抗力，重力，摩擦力，さらに若干ではあるが浮力である (図は略)．

3.2 $\boldsymbol{F}_1 + \boldsymbol{F}_2 + \boldsymbol{F}_3 = 0$ より，それぞれのベクトルの終点と始点を重ねると三角形ができる．例えば，余弦定理を利用してみる． $F_2 = 2\sqrt{5}$ [N]

3.3 物体が静止しているので，加速度は $0\ \text{m/s}^2$ である．すなわち，3 つの力はつり合っている．

(1) $|\boldsymbol{F}_1| = \sqrt{10}$ [N], $\theta = \tan^{-1}\dfrac{-1}{3} \fallingdotseq -18°$

(2) $\boldsymbol{F}_1 + \boldsymbol{F}_2 = (-1, -3)$ [N], 大きさ $\sqrt{(-1)^2 + (-3)^2} = \sqrt{10}$ [N],
角度 $\tan^{-1}\dfrac{-3}{-1} \fallingdotseq 252°$

(3) $\boldsymbol{F}_3 = (1, 3)$ [N]

3.4 加速度は $\boldsymbol{a} = \dfrac{d\boldsymbol{v}}{dt} = (3, -3, 0)$ [m/s^2]. 運動方程式から質点に働いている合力が求められる. $\boldsymbol{F}_2 = (5, 0, -3)$ [N]

3.5 (1) $a = -3$ [m/s^2] (2) $v = -3t + 12$, $x = -\dfrac{3}{2}t^2 + 12t$

(3) 最も遠ざかる地点では, 速度が 0 m/s になる. $t = 4$ [s], $x = 24$ [m]

3.6 加速度は 0.2 m/s^2 である. $v = 0.6$ [m/s] (向きは力の方向)

3.7 バネばかりの示す値は, 弾性力を質量 (重力) に換算したものである. つまり, 9.8 N → 1 kg と換算する.

(1), (2) 1 kg   (3) $\dfrac{10.8}{9.8} \fallingdotseq 1.1$ [kg]   (4) $\dfrac{8.8}{9.8} \fallingdotseq 0.9$ [kg]

3.8 (1) 物体 A には, 10 N の力, 物体 B から受ける力, 重力, 垂直抗力の 4 力が働く (図は略).

(2) 物体 B には, 物体 A から受ける力, 重力, 垂直抗力の 3 力が働く (図は略).

(3) $\dfrac{10}{3}$ N   (4) $\dfrac{4}{3}$ m/s^2 (5) $F = \dfrac{20}{3}$ [N], $a = \dfrac{4}{3}$ [m/s^2]

4. 簡単な 1 次元運動 (その 1)

4.1 x-軸の正方向を鉛直下向きにとると,
$$a_x = 9.8 \text{ [m/s}^2\text{]}, \quad v_x = 9.8t + 1 \text{ [m/s]}, \quad x = 4.9t^2 + t \text{ [m]} \quad \text{(図は略)}$$

4.2 $t = \dfrac{2v_0}{g}$, $v = -v_0$ (もとに戻るときの速度は, 初速度と速さは等しく, 逆向きである.)

4.3 投げ上げた瞬間を時間と位置の原点にとり, x-軸の正方向を鉛直上向きにとると,
$$a_x = -g, \qquad v_x = -gt + v_0, \qquad x = -\dfrac{1}{2}gt^2 + v_0 t$$

これらの式に, 初期条件を代入して利用する.

(1) 2 s, 19.6 m   (2) $t = 1, 3$ [s], $v(1) = 9.8$ [m/s], $v(3) = -9.8$ [m/s]

(3) 4 秒後, -19.6 m/s

4.4 衝突するとき, 質点 1 の速度は 0 である.   9.8 m

4.5 物体が点 A にあるときを時間と位置の原点とし, x-軸の正方向を斜面に沿って上向きにとり, この物体の運動方程式をつくる.

(1) $\dfrac{10}{4.9} \fallingdotseq 2.0$ [s]   (2) $\dfrac{50}{4.9} \fallingdotseq 10$ [m]   (3) $t = \dfrac{200}{49} \fallingdotseq 4.1$ [s], $v = -10$ [m/s]

4.6 10 N の力, 重力, 垂直抗力, 最大静止摩擦力のつり合いを利用する.
$\mu = \dfrac{5\sqrt{3}}{14.6} \fallingdotseq 0.59$

4.7 物体が静止するまでにかかる時間は $t = \dfrac{1}{\mu'}$ である. $\mu' = \dfrac{9.8^2}{2 \cdot 9.8 \cdot 19.6} = 0.25$

4.8 慣性の法則より，物体が等速度運動なので，物体に働く力はつり合いの状態にある．
$$\mu' = 1$$

5. 簡単な1元運動 (その2)

5.1 (1) 球 A, B に働く力はどちらもつり合っている．　　mg

(2) 手を離した後，球 A, B の加速度は大きさは同じで，向きは逆方向である．
　　　加速度 $\frac{1}{3}g$，張力 $\frac{4}{3}mg$

(3) $\sqrt{\dfrac{6h}{g}}$, $\sqrt{\dfrac{2}{3}gh}$

5.2 (1) 物体 1 の運動方程式　$m_1 \dfrac{d^2 x_1}{dt^2} = T - m_1 g \sin\theta$

　　　　物体 2 の運動方程式　$m_2 \dfrac{d^2 y_2}{dt^2} = m_2 g - T$

(2) 糸は伸び縮みしないので，物体 1, 2 の加速度の大きさは等しい．
$$T = \frac{m_1 m_2 g (1 + \sin\theta)}{m_1 + m_2}$$

(3) $a = \dfrac{g(m_2 - m_1 \sin\theta)}{m_1 + m_2}$　　(4) $\sin\theta < \dfrac{m_2}{m_1}$

5.3 力 F を加えたら，自然長よりバネ 1 は x_1，バネ 2 は x_2 だけ伸びたとしてみる．
$$\left(\frac{1}{k_1} + \frac{1}{k_2}\right)^{-1} = \frac{k_1 k_2}{k_1 + k_2}$$

5.4 $T = 4\pi$ [s]

5.5 単振動している小球はバネ 1, 2 より左向きの弾性力を受ける．小球の運動方程式をつくる．　　$T = 2\pi \sqrt{\dfrac{m}{k_1 + k_2}}$

5.6 エレベーターの加速度を a とすると，張力は $T = m(g + a)$ となる．

(1) $2\pi\sqrt{\dfrac{0.5}{11.8}} \fallingdotseq 1.3$ [s]　　(2) $2\pi\sqrt{\dfrac{0.5}{9.8}} \fallingdotseq 1.4$ [s]　　(3) $2\pi\sqrt{\dfrac{0.5}{6.8}} \fallingdotseq 1.7$ [s]

(4) $2\pi\sqrt{\dfrac{0.5}{9.8}} \fallingdotseq 1.4$ [s]

6. 簡単な2次元運動

6.1 垂直に衝突したということは，このとき $v_y = 0$ を意味する．

(1) 7 m/s　　(2) 28 m/s

6.2 物体 1, 2 は同時刻に最高点に到達する．

(1) $\dfrac{\sqrt{3}v_0}{2g}$　　(2) $v_0' = \sqrt{3}v_0$　　(3) $\dfrac{\sqrt{3}v_0^2}{g}$

6.3 (1) 重力と張力が働く (図は略)．

(2) 鉛直方向のつり合いを利用する．　　$\dfrac{mg}{\cos\theta}$

(3) 水平面内の運動方程式をつくる．　　$\sqrt{\dfrac{g}{l\cos\theta}}$

6.4 人が落下しないためには，鉛直方向に働く重力と摩擦力がつり合っている必要がある．

(1) $\dfrac{mg}{\mu}$　　(2) $\sqrt{\dfrac{Rg}{\mu}}$

7. 仕事と運動エネルギー

7.1 仕事率 $P = \dfrac{F\Delta x}{\Delta t}$ を利用する. $P = Fv$

7.2 $W = \displaystyle\int_{x_1}^{x_2} F(x)\,dx$ を利用する. $W = -\dfrac{1}{2}ka^2$

7.3 $W = \boldsymbol{F}\cdot\boldsymbol{s}$ を利用する.

 (1) Fx (2) $-\mu' mgx\cos\theta$ (3) $-mgx\sin\theta$ (4) 0

7.4 $W = \Delta K$ を利用する. $\mu' = \dfrac{v_0^2}{2gl}$

7.5 グラフから質点に働く力は x に比例する. 60 J

7.6 $W = \Delta K$ を利用する.

 (1) 仕事が最大となる地点である. $x = 4$ [m] (2) 6 m/s

7.7 点 B での物体の速さは 0 である.

 (1) -96.04 J (2) 0 J (3) 9.8 m/s (4) 96.04 J (5) 9.8 m/s

 (6) 7 m/s

8. 保存力とポテンシャルエネルギー

8.1 「静かに」は,この場合,重力と同じ大きさの力を意味する.

 力の仕事 19.6 J, 重力がなす仕事 -19.6 J, 位置エネルギーの変化量 19.6 J

8.2 力の仕事 0.5 J, 蓄えられた弾性エネルギー 0.5 J

8.3 (x,y) から $(0,0)$ まで移動する間に保存力がなす仕事が求めるポテンシャルである. 保存力のなす仕事は経路によらないから,計算しやすいように経路を選ぶ.
$$U(P) = \frac{1}{2}k(x^2 + y^2)$$

8.4 $F_x = -\dfrac{dU(x)}{dx}$ を利用する. $m\dfrac{d^2x}{dt^2} = -\alpha\sin x$

8.5 力の大きさは, x によらないことに注意する. $U = k|x|$

8.6 $F_x = -\alpha zx$, $F_y = -\alpha yz$, $F_z = -\dfrac{1}{2}\alpha(x^2 + y^2)$

8.7 区間に分けて仕事を計算する (例題 7.2 参照). このとき,

 O→A: この間の質点の座標は $\boldsymbol{r} = (x,0)$ なので, $d\boldsymbol{r} = (dx, 0)$, $\boldsymbol{F} = (0, 0)$

 A→B: この間の質点の座標は $\boldsymbol{r} = (a,y)$ なので, $d\boldsymbol{r} = (0, dy)$, $\boldsymbol{F} = (a^2y^2, a^2y^2)$

などを利用する.
$$W_{\text{O}\to\text{A}\to\text{B}} = \frac{1}{3}a^5, \quad W_{\text{O}\to\text{C}\to\text{B}} = \frac{1}{3}a^5, \quad W_{\text{O}\to\text{B}} = \frac{2}{5}a^5$$

8.8 $\dfrac{\partial F_x}{\partial y} \neq \dfrac{\partial F_y}{\partial x}$ より,力 $\boldsymbol{F}$ は保存力ではない.

 注意: 微分形の関係式を用いなくても,前問から力がなす仕事が経路によって異なることから,保存力ではないことがわかる.

練習問題解答

9. 力学的エネルギー保存則

9.1 力学的エネルギー (位置エネルギー, 弾性エネルギー, 運動エネルギーの和) が保存される. $v = \sqrt{\dfrac{mg^2}{k}}$

9.2 物体の力学的エネルギーは 3 J である.
$$3v^2 = -x^2 + 2x + 3 \geq 0 \quad \therefore \ -1 \leq x \leq 3$$

9.3 (1) $\boldsymbol{F} = (F_x, F_y, F_z) = \left(-\dfrac{\partial U}{\partial x}, -\dfrac{\partial U}{\partial y}, -\dfrac{\partial U}{\partial z}\right)$ を利用する. $\boldsymbol{F} = \left(\dfrac{1}{2}, -1, 0\right)$ [N]

(2) 微分形の関係式を確かめてみる.
$$\dfrac{\partial F_x}{\partial y} = \dfrac{\partial F_y}{\partial x} = y, \quad \dfrac{\partial F_y}{\partial z} = \dfrac{\partial F_z}{\partial y} = 0, \quad \dfrac{\partial F_z}{\partial x} = \dfrac{\partial F_x}{\partial z} = z$$
したがって, 保存力である.

(3) $\Delta U = -\dfrac{9}{2}$ [J]

(4) 力学的エネルギー保存則を利用する. $v = \sqrt{\dfrac{5}{2}}$ [m/s]

(5) $\left(4\dfrac{d^2x}{dt^2}, 4\dfrac{d^2y}{dt^2}, 4\dfrac{d^2z}{dt^2}\right) = \left(\dfrac{1}{2}(y^2 + z^2),\ xy,\ xz\right)$

9.4 ひもを切った後, 物体は斜方投射運動をする. 力学的エネルギー保存則を利用する.
$$L - \dfrac{3\sqrt{3} + 1}{8}l$$

9.5 (1) 力学的エネルギー保存則を利用する. $v = \sqrt{\dfrac{ka^2}{m}}$

(2) 摩擦力は非保存力であることに注意する. $\mu' = \dfrac{ka^2}{2mgb}$

10. 衝 突

10.1 物体に働いた力積はグラフの $F(t)$ と時間軸で囲まれた台形の面積に等しい.
 6 m/s (向きは力の向き)

10.2 衝突において運動量保存則が成り立つことを利用する.
(1) 1.5 m/s (向きは衝突前と同じ) (2) $\dfrac{7}{3}$ m/s (向きは衝突前と同じ)

10.3 運動量保存則をベクトルで考えてみる.
衝突前の物体 B の速さ $\dfrac{4}{\sqrt{3}}$ m/s, 衝突後の物体の速さ $\dfrac{8}{3\sqrt{3}}$ m/s

10.4 燃焼ガスを放出する際に働く力は, ロケットと燃料をひとまとめにした系では内力にあたり, この系の運動量は保存されることを利用する.
$\dfrac{MV + mv}{M - m}$ (向きは前方)

10.5 (1) 直前: $\sqrt{2gh}$ [m/s], 直後: $e\sqrt{2gh}$ [m/s] (2) $e^2 h$ [m] (3) $t' = et$

10.6 (1) バネが最も縮むときには, 2 つの物体がバネに対して相対的に静止していなければならない.

(2) 2つの物体(含 バネ)を1つの系として考えると，系の運動方向には内力のみが作用し，運動量保存則が成り立つ． $\frac{1}{4}mv_0^2$ [J]

10.7 垂直に衝突したということは，最高点に達したときに壁に衝突したということである．
(1) $\frac{v_0^2}{8g}$ (2) $\frac{1}{2}$ (3) $\frac{9}{32}mv_0^2$

11. ベクトル積と力のモーメント

11.1 $V = |(\boldsymbol{A} \times \boldsymbol{B}) \cdot \boldsymbol{C}|$ を利用する． $V = 58$

11.2 (1) $6mgl$，向きは手前向き ($\odot$) (2) $6mgl$，向きは奥向き ($\otimes$)
(3) 回転しない (支点まわりの力のモーメントは 0 である)．

11.3 ここでは，糸と天井の接合点のまわりの力のモーメントを考えてみる (力のつり合いでも解ける)． $F = mg$

11.4 $60°$

11.5 棒の質量は棒の重心に集まっているとして，力のつり合いと力のモーメントのつり合いを利用する． $F = \frac{mg}{2}$

11.6 円板と階段の接点のまわりの力のモーメントを考えてみる．
$$F > mg\frac{\sqrt{y(2R-y)}}{R-y}$$

11.7 棒の質量は棒の中心に集まっているとして，A, B 端のまわりの力のモーメントのつり合いを利用する． $\frac{45}{9.8} \fallingdotseq 4.6$ kg, $\frac{1}{3}$ m

12. 角運動量

12.1 おもり 1, 2 の張力の原点 O に関する力のモーメントは，
$\left(0, 0, \pm\frac{2m_1m_2}{m_1+m_2}gl\right)$ (+ は 1，− は 2)

12.2 質点の速度は $\boldsymbol{v} = (0,2,0)$ [m/s] である． $(0,0,3)$ [kg·m²/s]

12.3 (1) $(0,0,-50)$ [kg·m²/s] (2) $(0,0,-10\sqrt{5})$ [kg·m²/s]
(3) $(0,0,30)$ [kg·m²/s]

12.4 (1) $\boldsymbol{r} = (l\cos\theta, l\sin\theta, 0)$ (2) $(0,0,ml^2\dot{\theta})$ (3) $(0,0,-mgl\sin\theta)$
(4) $\frac{d^2\theta}{dt^2} = \ddot{\theta} = -\frac{g}{l}\sin\theta$ (θ が小さいとき，$\sin\theta \fallingdotseq \theta$ より $\ddot{\theta} = -\frac{g}{l}\theta$)

12.5 質点には重力が働いている．
(1) $Lmgt$ (2) Lmg (3) $\frac{d\boldsymbol{L}}{dt} = \boldsymbol{N}$ を示せばよい (省略)．

12.6 物体 1 には重力，垂直抗力，張力，物体 2 には重力，張力が働いている．
(1) 物体 1 $(0,0,-0.1T)$ [Nm], 物体 2 $(0,0,0.1T)$ [Nm]
(2) $(0,0,-2.94)$ [Nm] (3) $(0,0,-0.5v)$ [kg·m²/s] (4) 5.88 m/s²

練習問題解答　　　　　　　　　　　　　　　　　　　　　　　　　　　　　　131

13. 中心力場中の物体の運動

13.1 $\bm{F} = -k\bm{r} = -kr\hat{\bm{r}}$ を利用する． $U = \dfrac{1}{2}kr^2$

13.2 (1) $F(r) = -\dfrac{dU}{dr} = -kr$ 　　(2) $F(r) = -\dfrac{dU}{dr} = -ge^{-\mu r}$

13.3 (1) $\cos^2 \omega t + \sin^2 \omega t = 1$ の関係式を利用する． $\dfrac{x^2}{a^2} + \dfrac{y^2}{b^2} = 1$ （楕円）

　　　(2) $(0, 0, mab\omega)$ 　　(3) $\bm{N} = \dfrac{d\bm{L}}{dt} = 0$ を示せばよい．

13.4 等速円運動の半径を r，速さを v とすると，この質点の運動方程式は，

$$\frac{mv^2}{r} = \frac{k}{r^2} \qquad \therefore\ K = \frac{1}{2}mv^2 = \frac{k}{2r}$$

$$U = -\frac{k}{r}\ \text{なので,}\ E = K + U = -\frac{k}{2r} = \frac{1}{2}U$$

13.5 $4v$

13.6 $v_r(t) = 0,\ v_\varphi(t) = R\omega,\ a_r(t) = -R\omega^2,\ a_\varphi(t) = 0$

13.7 $F = -\dfrac{mv_\varphi^2}{r}\dfrac{\bm{r}}{|\bm{r}|} = -\dfrac{mv_\varphi^2}{r}\hat{\bm{r}}$ なので

$$F_r = -\frac{mv_\varphi^2}{r}, \quad F_\varphi = 0$$

したがって，

$$m\left(\dot{v}_r - \frac{v_\varphi^2}{r}\right) = F_r = -\frac{mv_\varphi^2}{r} \qquad \therefore\ m\dot{v}_r = 0\ \text{すなわち}\ \dot{v}_r = 0$$

積分すると $v_r = C$（C は積分定数）が得られ，初期値を代入すると

$$v_r = 0, \qquad r = 一定$$

また，

$$\frac{1}{r}\frac{d}{dt}(mrv_\varphi) = F_\varphi = 0 \qquad \therefore\ \frac{d}{dt}(mrv_\varphi) = 0$$

したがって，$mrv_\varphi = 一定$ となる．上で示したように r は一定で，また m も一定であるので，v_φ も一定でなければならない．

　ゆえに，この物体の運動は，等速円運動であることがわかる．

13.8 物体がもっている力学的エネルギーと角運動量は初期値から求めることができる．

力学的エネルギー保存則　$\dfrac{1}{2}m(v_r^2 + v_\varphi^2) + U(r) = \dfrac{1}{2}ma^2\omega^2 + \dfrac{1}{2}ka^2$

角運動量保存則　$mrv_\varphi = ma^2\omega$

13.9 (1) 最も接近するときには $v_r = 0$ になる． $v_r = 0,\ v_\varphi = V$

　　　(2) maV 　　(3) $\dfrac{V}{2}$

索　引

あ　行

安定平衡点　65
位置エネルギー　63
位置ベクトル　10
一般解　38, 40, 120
引力　101
運動
　――の3法則　17
　――の第1法則　17, 19
　――の第2法則　17, 19, 21
　――の第3法則　17, 21
運動エネルギー　55, 56
運動方程式　20
　回転の――　94
運動量　21, 77
運動量保存則　78
SI 単位系　111
エネルギー保存則　56
遠隔力　18
円すい振り子　49
鉛直投げ上げ　27
鉛直バネ振り子　39

か　行

解　120
回帰点　72
外積　85
回転行列　106
外力のなす仕事　74
角運動量　93
角運動量保存則　94, 102
角振動数　6, 38
角速度　12, 46, 48
加速度　2, 11, 12, 46
　瞬間の――　12

加速度運動　2, 4
滑車　36
加法定理　113
慣性　19
　――の法則　19
完全弾性衝突　83
基準点　62
基底ベクトル　86
軌道　44
　――の長さ　11
極座標　105
　――の運動エネルギーと仕事　106
　――の運動方程式　106
　――の角運動量　107
　――の基本ベクトル　105
　――の速度, 加速度　105
　――の力のモーメント　107
空間運動　10
空間ベクトル　10
経路　54, 61
撃力　77, 81
原始関数　116
向心加速度　13, 47
向心力　47
合成バネ定数　38
勾配演算子　66
合力　18
国際単位系　111

さ　行

サイクロイド　14
最大静止摩擦力　29
作用　21
作用時間　78
作用線　17
作用点　17

作用・反作用　78
　　——の法則　21
三角関数　112
次元　111
仕事　51–53
仕事率　52
指数関数　114
自然長　37, 39
質点　1
斜方投射　44
斜面上での運動　28
自由運動　25
周期　39, 40, 48
周期運動　48, 72
重心　80
周波数　48
自由落下　26, 28
重力　26, 61
重力加速度　26
衝突　78
初期位相　12, 38, 46
初期条件　20, 39
振幅　39
垂直抗力　29
水平投射　43
水平到達距離　45
水平バネ振り子　38
スカラー　10, 51
スカラー3重積　86
静止摩擦係数　29, 30
積分　120
積分定数　120
斥力　101
接触力　18
線積分　54, 61, 118
相対速度　81
速度　11, 46
　瞬間の——　1, 11
束縛運動　72

た 行

対数関数　114
単位　111
単位ベクトル　9
単振動　6, 38, 39, 49

弾性エネルギー　64
弾性衝突　83
弾性力　37
単振り子　40, 111
力　17
　——とポテンシャル　64, 103
　——の合成　18
　——の中心　101
　——の分解　18
　——の平衡　18
　——のモーメント　89
置換積分　116, 118
中心力　101
　——の運動量保存則　108
　——の力学的エネルギー保存則　108
張力　35
直交基底ベクトル　9
直交座標　105
直交座標系　9
定積分　117
てこの原理　88
等加速度運動　2, 27
等加速度直線運動　5
導関数　115
動径　12, 46, 105
等時性　40
等速円運動　12, 45, 48, 95
等速直線運動　4
等速度運動　2, 25
動摩擦係数　30, 31
動摩擦力　30, 31

な 行

内積　9, 10
内力　80

は 行

倍角の公式　113
はねかえり係数　81, 83
バネ定数　37
速さ　11
半角の公式　113
反作用　21
非束縛運動　73
非弾性衝突　83

索　引

微分積分学の基本定理　117
微分方程式　20, 43, 119
非保存力　74
不安定平衡点　65
復元力　37
フックの法則　37
不定積分　116
部分積分　116
分離型　121
分力　18
平均加速度　11
平均速度　1, 11
平衡点　65
平面運動　10, 102
平面ベクトル　10
ベクトル　9
ベクトル3重積　86
ベクトル積　85
変位　1, 10
偏角　105

偏微分　66
放物運動　13, 44
放物線　44
保存力　61, 62, 66
ポテンシャル　63, 64, 66, 73, 102
　——と力　64, 103
ポテンシャルエネルギー　63

ま 行

面積速度　95, 102

ら 行

ライプニッツ則　115
螺旋運動　13
力学的エネルギー　70, 71
力学的エネルギー保存則　70, 73, 82, 104
力積　78

わ 行

和と差の公式　113

Ⓒ 茨城大学力学教科書編集委員会　2011

2011年 4 月 14 日　初　版　発　行
2025年 1 月 30 日　初版第12刷発行

大学生のための
力 と 運 動 の 基 礎

編　者　力学教科書編集委員会
発行者　山　本　　格

発 行 所　株式会社　培　風　館
東京都千代田区九段南 4-3-12・郵便番号 102-8260
電　話(03) 3262-5256 (代表)・振　替 00140-7-44725

D.T.P.アベリー・平文社印刷・牧 製本

PRINTED IN JAPAN

ISBN 978-4-563-02295-2　C3042